觀光餐旅研究方法
理論與實務

How to Research and Write a Thesis in
Hospitality and Leisure: Theory and Practice

郭春敏 / 著

序

　　筆者在《觀光餐旅研究方法》一書的架構與內容思考長達四年以上，主要思考如何將研究方法具體化，成為更符合觀光餐旅系學生實務專題論文與製作的參考書。希望本書能對大專生要繼續升學或未來攻讀碩士學位奠定基礎有所幫助。再者，餐旅系學生能結合研究方法與實務技術操作、實務產學合作，應用在「實務專題論文」製作課程，達理論與實務配合，期許能提升學生畢業後的就業競爭力。

　　本書共計十章四十一節，先介紹餐旅研究的概念，然後文獻回顧介紹質化與量化研究、實務專題論文、量化研究方法、質化研究方法、質化與量化研究方法、技術性實務專題製作、專案管理實務專題、實務個案專題，最後再以產學合作計畫實務專題為本書之結尾。本書主要特色：

1. 除了對研究方法瞭解外，範例中以餐旅休閒事業為主，學生對餐旅事業有所認識，進而將研究方法應用於產業中達相輔相成之功效。
2. 每章節的撰寫方式盡量將研究方法架構融入書中，如前言、文獻回顧、研究方法、結論與管理意涵等，讀者在閱讀十個章節後，相信對於研究方法的基本架構與概念即能得心應手。
3. 本書的範例，主要以目前餐旅休閒產業中較夯的產業為例，舉凡商務旅館、民宿、休閒農場、餐飲、會議會展及旅遊行程設計等，讓讀者在瞭解研究方法中，亦能瞭解餐旅休閒產業的現況，將有助於對餐旅休閒方法研究在餐旅各主題（subject matter of hospitality）的理解與應用。

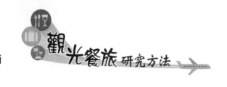

4.本書各章的最後一節為角色扮演，希望透過角色扮演將抽象的研究方法，以更具體化、生活化且平易近人的對話方式呈現。

此外，本書在每章的第一小節後，有一「專欄」分享，是對於該章主題的補充與進一步瞭解；最後，在每章的結尾有「貼心叮嚀」，特別針對本章作重點式的複習與提醒，讓本書更多元化，能更貼近讀者，期待讀者能喜歡這般用心的安排。

本書特別要感謝筆者的兩位學生劉家豪在專案管理實務專題及謝馨慧在技術性實務專題的協助，才能讓本書資源更豐富。此外，本書得以順利付梓，首先感謝揚智文化公司總經理葉忠賢先生的熱心支持，總編輯閻富萍小姐之辛勞付出，以及該公司的工作夥伴之協助，特此感謝。最後再次感謝曾經協助本書出版的每一個人，以及閱讀本書的讀者。

郭春敏　謹識

目　錄

Chapter 1

前言——餐旅研究的概念

　　什麼是觀光餐旅研究？研究目的是在解決問題，因此，觀光餐旅研究主要是解決觀光餐旅產業的問題。研究方法，是訓練培養學生發現問題、整理問題、蒐集證據資料、用邏輯歸納結果及提出解決問題方案，藉由實務專題製作，提供學生一個自我訓練及提升能力的機會，以達增進觀光餐旅學生的專業知識與科學研究。本書將分為兩大部分：一為研究方法的介紹，二為實務專題論文為例介紹，結合這兩部分幫助觀光餐旅學生如何將研究方法應用於觀光餐旅實務專題論文製作，希望縮短理論與實務間的差距，將專業知識應用在實務的世界中，使學生在畢業踏入社會之後，能更容易融入實務的環境中。本章首先介紹觀光餐旅研究背景、動機與目的，進而分享研究對象與範圍，以及研究重要性、操作型定義與研究限制，最後為角色扮演。

第一節　背景、動機與目的

　　本小節包含觀光餐旅研究之背景與動機、專題論文製作的目的及研究流程。

一、觀光餐旅研究之背景與動機

　　觀光餐旅產業是世界上最大且重要產業之一，根據世界觀光旅遊委員會（World Travel & Tourism Council, WTTC, 2016）在最新年度研究，顯示了旅遊業對世界GDP的貢獻在2015年增長了連續第六年，上升到全世界國內生產的9.8%，總值7.2萬億美元。目前該產業提供就業2.84億人，亦即每十一個工作當中就有一個是觀光旅遊業的工作。以美國為例，不論是直接或間接從事餐旅產業工作的人口就有數百萬人，不僅有益於國

家與地方推動，2014年的1.47萬億美元對GDP總額貢獻，被業內人士預測到2025年將貢獻超過2.5萬億美元。旅行和旅遊業是美國最大的產業之一（Travel and Tourism Industry Statistics & Facts, 2015）。由此可見觀光餐旅服務產業在全球各國將扮演著一個舉足輕重的角色。

觀光餐旅是已開發中國家發展的第一步，因它不只在經濟上有貢獻，在公共建設等方面亦有很多助益。然而，廣大的觀光餐旅市場不是總是贏家，因為觀光也帶來了負面影響，如自然生態及社會環境的影響。目前全球多國籍企業公司大量增加觀光餐旅業之經營管理人才，目的為提升顧客滿意度與收入，以及如何降低其負面影響以保護環境，故其管理的教育及高品質服務態度等亦受到重視，在經營管理如休閒遊憩服務、博奕、郵輪、旅行業等作業，收入管理、科技資訊、人力資源管理及行銷管理專業等能力也很重要，尤其在顧客服務導向的時代，產業創新力更是重要的議題。

台灣近年來的觀光餐旅業有如雨後春筍般地蓬勃發展，其對經濟與社會貢獻不可小覷，比起其他企業提供社會新鮮人第一次機會更多，如十分之四餐飲業可以獨立創業。此外，它是全球的龍頭，它對全球發展很有貢獻。而它依賴各種外在因素的影響如經濟、社會及政策的因素。然而，近幾年由於科技、交通及工業化已使得開發中國家也積極發展觀光餐旅業，這使得整體產業更加蓬勃發展。二〇一八年時台灣有一百六十多所大專院校開設觀光餐旅相關課程。

論文撰寫這樣的創造技能有很多部分是屬於Michael Polanyi說的隱微知識（tacit knowledge），相對於外顯知識（explicit knowledge）被認為是需要正式的學習，並有正式與標準的溝通方式傳遞這種知識。微隱知識的特性為：具有知識者所知道的比能說的多（We can know more than we can tell），這種知識隱藏在身體和腦裡，能難捕捉，很難歸類，因此也很難教導。論文寫作就是許多教授認定為一種無法表達及教導的經驗（畢恆

達，2005）。筆者在二十多年的教學過程中，也覺得在引導大專學生學習最棘手的應該是「實務專題論文」，因為大學時筆者沒有接觸這門課，接觸「論文」與「研究方法」是在攻讀碩士時，往後博士論文及投稿觀光餐旅國際期刊過程中，就一直看到Research Method或Methodology，不管是「質化」或「量化」的研究方法皆需有所瞭解，似乎命中注定跟它們解下不解之緣。

因此，很自然地在指導大學生的「實務專題論文」時，跟學生分享就是筆者多年的碩士加上國內外博士的訓練，以及數不盡被國際期刊退稿及審查的寶貴建議與學習，也才對「論文研究方法」有進一步的體會，但學生卻要在短短的一年內完成所謂的「實務專題論文」，其困難度真的很高，這麼多年指導科技大學餐旅系的專題學生及有機會參與科技大學院校的觀光餐旅系畢業的專題口試，大概的心得為：雖然他們是大專學生，但很多專題內容跟碩士生的畢業論文差距甚微。

在學術論文撰寫過程要求的架構是一樣的，故學生們似乎都面臨一個問題，學生在一年內要獨力完成實務專題論文，是有它的困難度。故有很多指導老師，不是睜一隻眼閉一隻眼，不太要求實務專題論文品質；要不然，到最後幾乎是自己寫；或者有各式各樣的情形發生。擔任實務專題論文口試委員時會問學生論文中相關研究方法的問題，他們卻不知那是什麼，回答那是老師叫我們放的表格。再詢問那表格的數據怎麼跑出來的？學生說那是學長姐幫忙跑的，他們對那數據所代表的涵義也不是很清楚。

筆者很佩服學生們的誠實，但也能體會為何會這樣。因為在大學的課程中應該不會上「多變量研究分析方法」課程，或許有些學校會開「研究資料分析」選修課，但這課程有時是介紹如何使用SPSS套裝軟體分析資料等。因此，個人認為觀光餐旅系的學生若能將統計上的簡單樣本推估、t檢定、ANOVA及迴歸分析等基本統計內容搞清楚，且懂得適當應用在專題實務論文上，就已經很不錯了。

　　觀光餐旅系的學生常擔心且頭痛上統計學課，因為他們常反應聽不懂，對數字比較沒概念，所以才選擇餐旅比較實務的科系。所以學生在撰寫「實務專題論文」時，對於研究方法常搞不清楚，常將文獻張冠李戴；不然就是老師或學長姐幫忙跑數據但卻不知為何要用這個方法。學生的心聲，老師有聽到，但目前坊間似乎沒有針對「實務專題論文」的研究方法專書，大多以社會科學的研究方法為主，故本書希望以實務專題研究為主，除了通論性介紹一般的研究方法概念外，亦加入實務的觀光餐旅的專題製作，如個案探討、產學合作及技術專題探討等，讓觀光餐旅的實務專題更多面向的呈現。

　　美國對人文教育的作法，大學的教授內容視為初級專業教育，而研究生則是進階的專業教育，把研究的工作全心交給博士生來做。這也是筆者撰寫這本《觀光餐旅研究方法》的初衷，建議老師們能更多元化地引導觀光餐旅系的「實務專題論文」製作，以及幫忙學生能找到適合自己專題製作的方式與題目。希望餐旅科系學生們能在閱讀本書後，對自己要做的專題能夠有一個較具體的方向與架構可循。而非老師告訴我什麼題目我就做什麼題目，培養學生獨立思考與創新能力，完成畢業實務專題論文製作，而指導老師負責從旁提供意見與協助，這亦是撰寫本書的動機之一。

　　近年觀光餐飲持續發酵，相關科系大行其道。受少子化影響，四技二專統測今年報名人數持續下降，自統測開辦以來，向來報名人數都居冠的商管群人數一路下滑，105年更是與餐旅群出現「死亡交叉」，餐旅群首度超越商管，奪下冠軍寶座（**圖1-1**），高雄餐旅大學榮譽教授容繼業指出，觀光是趨勢（聯合報，2016）。台灣餐飲教育蓬勃發展，從73學年度高職餐飲科僅有11所12班，逐年成長，100學年度已高達135所，2,274班，就讀人數高達100,486人（教育部統計處，2015）。主要原因為台灣美食已成為外國旅客來台觀光的主要吸引力，政府將「美食國際化」列為

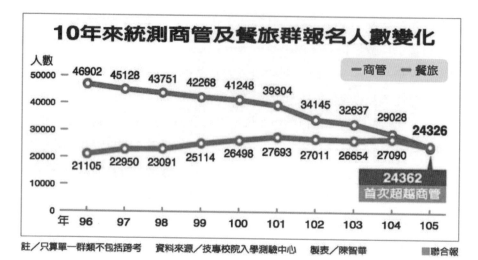

圖1-1　十年來統測商管及餐旅群報名人數變化

資料來源：陳智華（2016）。《聯合報》，2016/04/06，http://money.udn.com/money

十大重點服務發展項目之一（交通部觀光局，2014），進而活絡觀光餐飲產業，也帶動產業人力需求。因此，觀光餐旅專題研究日趨重要，讓學生以科學的方法整合與歸納學生之知識與技能，透過專題實務研究課程展現其所學，此為撰寫本書之動機。

二、專題論文製作的目的

　　每一位學生在現行的課程規劃中，於課程結束前，需提出一份小組的「實務專題」才得以畢業，主要用意在經由專題製作的過程培養學生發現問題、整理問題及提出解決問題方案的能力。對技職院校而言，實務專題課程不僅提供學生一個提升自我能力及訓練的機會，藉著這個課程，也能促進學校教育與實務界更密切的結合，經由雙方面不斷地接觸、溝通，確實掌握經濟社會的脈動，瞭解未來產業的發展方向及人力需求情

形，以培養社會所需的專業人才。具體而言，實務專題課程設計的目標有如下幾點：(1)養成學生團隊的工作態度與倫理；(2)培養學生獨立思考與研究及創新的能力；(3)訓練學生解決問題的邏輯思考能力；(4)鼓勵學生運用所學的專業知識於實務界，以增強學生實務能力，符合產業所需；(5)培養學生論文寫作與口頭報告的能力。

　　本書主要提供觀光餐旅研究方法與實務專題課程的參考架構及指引，主要包含以下幾個重點：(1)瞭解研究方法內容及應用在其實務專題課上，其各階段所需完成的進度有明確的規範；(2)針對實務專題所探討的各項指導方針更適切符合餐旅學生的需求；(3)專題論文邏輯思考及撰寫格式的主要準則。希望能提升觀光餐旅學生的研究方法與專題實務製作能力，且能順利完成其實務專題製作。

三、研究流程

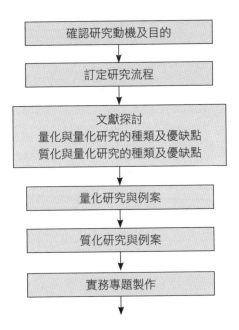

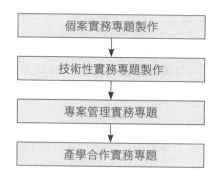

個案實務專題製作

↓

技術性實務專題製作

↓

專案管理實務專題

↓

產學合作實務專題

圖1-2　研究流程圖

 專欄　**熱情的作者、有趣的主題；切勿 garbage in, garbage out**

　　研究主題絕對是一篇論文的靈魂，作者選擇研究主題的重要動機，也就是作者對研究主題感到一種熱情。餐旅住宿業者很重視location，而在論文撰寫時研究者對研究主要為「熱情」（Passion），此外，亦要考量讀者的興趣（Davis, 1971）。Davis對於有趣的定義，就是引起別人的注意（engaging the attention）。我一直告訴學生選專題題目就如交男女朋友，需要對方有興趣、有熱情，這樣才能往下交往！

　　沒錯，熱情指的不單是知識上的興趣，還包括對研究相關事務的關切，願意誠懇地投入自己的心力。如果對研究對象沒有興趣與熱情，那又如何能夠進行長期的深入訪談與觀察。我個人認為作研究的基本能力為「態度」（attitude），態度是決定你能否完成研究的重要因素。

　　此外，做學術研究最困難的其實是觀點；只要花時間去蒐集資料，無論是歷史資料、問卷和訪談，總會有結果，總是可以寫報告，但是要有創新、啟發，就不是那麼容易了；更怕的是garbage in, garbage out，因此，本書也努力以創新的方法，以不同的方式執行撰寫專題製作，啟發學生的創意與作法。

資料來源：參考畢恆達（2005）。《教授為什麼沒告訴我——論文寫作的枕邊書》。

第二節 觀光餐旅研究對象與範圍

近年台灣社會逐漸朝精緻化發展,與民生息息相關的觀光餐旅業亦反映出此一趨勢,如國際知名連鎖餐旅業也相繼來台開發市場,本土餐旅機構也持續在國內外積極拓展,反應出台灣的餐旅環境已趨向國際化。另外,政策層面有政府大力推行觀光餐旅產業,社會層面消費者注重休閒的大眾文化下,觀光餐旅產業的未來發展具有極大的潛力,專業觀光餐旅管理人才需求量大增,故觀光餐旅學系亦紛紛成立,主要培養國內外的觀光餐旅專業基礎管理人才為宗旨,以滿足餐旅產業多樣的人才需求,並進而促進台灣餐旅產業發展。以下將舉例說明國內觀光餐旅科系的教育目標與發展方向,以供本書制定觀光餐旅研究對象與範圍之參考。

【例一】

A科技大學餐旅學院餐旅技職教育的目的,在培養學生的專業技能,學習如何改善餐旅服務品質,提升產業競爭力。因此,大學教師必須扮演「思想的啟發者」、「知識的傳授者」、「技藝的指導者」以及「職業的引領者」。餐旅學院秉持「實務導向」的教學理念,希望將業界內隱的「實務經驗」,轉變成學界外顯的「系統知識」,透過「做中學,學中做」的方式,讓學生將所學理論與實務結合,充分應用於實際工作中,以培養業界所需的餐旅專業人才。

總培育目標:為順應世界觀光潮流,配合國家餐旅服務業之蓬勃發展及業界人才需求,以突破目前我國旅館發展瓶頸,提升旅館管理及服務品質。

分類培育目標:

1.專業能力目標:為培養具有國際觀,且兼具專業知識、技能、服務

道德及敬業樂群的中階旅館管理專業幹部人才。

2.特色目標：(1)兼顧旅館專業與管理知識之整合；(2)理論與實務並重；(3)熟悉現代旅館內之軟硬體；(4)精通外國語言；(5)落實職業道德與服務精神。

3.旅運系發展重點：(1)旅遊業經營管理實務；(2)領隊與導遊人才培育；(3)旅遊業個案研究分析；(4)旅遊業資訊科技應用。

4.未來發展方向：(1)「人文化」養成：融合旅遊專業與多元文化，增進人文關懷與拓展旅遊體驗；(2)「專業化」教育：強化旅遊專業課程與教學資源，提升專業教學與學習成效；(3)「企業化」經營：加強進行產學合作與研究，建立成為企業關鍵伙伴關係；(4)「國際化」交流：推動國際交流與合作計畫，提升全球化溝通能力與國際觀等。（高雄科技大學餐旅學院，2016）

【例二】

B科技大學觀光餐旅學院培育目標在「提升教學水準與研發能量、注重學生性向與證照輔導、規劃特色學程與核心課程、密切與業界合作及參與政府專案、推動國際視野與海外教學」的總目標之下，學院之定位為：「配合台灣休閒觀光餐旅業與會議展覽業的發展趨勢，培育產業所需之優秀人才與研發事項」。

培育目標：

1.培育優質的觀光餐旅專業人才：配合政府觀光旅遊發展政策，培養餐飲管理、旅遊管理及旅館管理之相關專業人才。

2.建構學用合一的學院特色：加強產業互動機制，提供產學交流平台；強化實務教學環境，塑造全人技術人才；提升師資設備效能，服務社區走向國際。

3.加強國際化拓展宏觀視野：積極推展與國外觀光餐旅學校之合作，以利學術與技術交流，拓展學生國際實習經驗；因應觀光餐旅產業走向，培育具國際化之專業精英；教師積極參與研究計畫，提升學院國際化的學術地位。

4.建立創意活力的標竿學院：辦理學術研討會與創意活動，提供觀光餐旅產業業者諮詢、輔導與教育訓練，推動觀光休閒認證制度，提升學院的創意與活力。（景文科技大學觀光餐旅學院，2016）

【例三】

C科技大學休閒產業管理系設立宗旨為「培養具前瞻與領導能力之優秀休閒產業人才」。據此，將課程規劃為「觀光餐旅管理」及「休閒運動管理」二大選修模組，其教育目標在培育具以下四個特點之專才：

1.培育學生具備人文素養及社會關懷精神。
2.培育學生具備國際視野及專業職能之基礎。
3.培育學生具備良好的服務態度與敬業樂群之認知。
4.培育學生具備優秀的溝通技巧及領導能力。

為落實「最後一哩」之政策精神，系上以「校外實習」及「海外實習」教學模式進行學生實務技能培育，期望學生能在「做中學，學中做」的環境，瞭解休閒產業的作業模式，培育學生具備專業與優良的服務態度及敬業精神，以滿足現代業界之人力需求。（國立勤益科技大學休閒產業管理系，2016）

綜合三所學校，不管是國立或私立的餐旅學院或相關科系其設立宗旨雖有差異，但可歸納其共通點為：(1)培養專業知識、技能、服務道德及敬業樂群優良的觀光餐旅從業人員；(2)「做中學，學中做」的方式，讓學生將所學理論與實務結合；(3)建構學用合一的教學，強化實務教學

環境及進行產學合作；(4)培育學生具備人文素養及社會關懷精神；(5)培養學生具邏輯思考解決問題與創新能力；(6)加強學生語文能力及國際觀等。因此，本書的研究範圍將以這六大部分為主，研究對象主要為觀光餐旅系的學生，強調多元及務實的角度，強化學生能靈活執行與撰寫餐旅休閒的專題製作。

 ## 第三節　研究重要性、操作型定義與研究限制

一、研究之重要性

　　由前述相關資料顯示，觀光餐旅業已成為顯學，且對整個國家社會具有重要貢獻。因此，目前多數觀光餐旅科系多有開設「研究方法」，進行一年兩學期的「專題實務」探討，主要針對觀光餐旅相關的議題進行科學研究與實務探討。但國內目前這領域的研究方法書籍，主要還是參考一般的研究方法教科書，鮮少有這類的觀光餐旅研究法之教科書。因此，本書主要針對觀光餐旅產業的學生特性，加上學生的前備知識進行類比說明，以增加學生的學習成效，主要用意在藉由研究方法且以實務專題製作為訓練，其過程培養學生發現問題、整理問題及提出解決問題方案的能力，藉以提供學生一個提升自我能力及訓練的機會，亦可增加觀光餐旅學生的專業知識與科學研究步驟。

二、操作型定義

(一)什麼是論文？

　　什麼是論文（thesis）？一般大學時的論文通常要求學生要撰寫與學

生主修的科系相關之議題,進行科學且邏輯的分析與探討,跟一般的碩士論文與博士論文相似,雖然不像博士論文那麼嚴謹和耗時。因大學生在接受論文撰寫訓練時間比較短,通常為兩個學期,相關知識的培養與訓練尚不足,如統計方法的應用等,故其論文製作深度就沒有那麼的嚴格,但其整個訓練寫作過程大致相同。因此,透過瞭解研究方法及結合實務專題製作的機會來探索觀光餐旅這領域相關的主題。一般而言,專題可分為研究論文與實務專題兩種,由於這兩種專題的劃分並非全然獨立,常易產生混淆的情形,在此將二者主要的差異比較如下:

◆ 研究論文

　　一般研究論文是為了建立理論或驗證學說所做的研究,其主要的目的是用科學的研究方法求取知識。通常是學術研究者常做的,它的用途並不在直接解決特定的問題,而是一種概括性的研究,其包括發展建立或測試理論與假設。屬於此類的專題例如餐旅機器人與服務創新之研究探討。

◆ 實務專題

　　以實務界的一個現象或一個問題為研究對象,企圖由相關的成熟理論或者經驗中求得解決的辦法。這種類型的專題並不強調學生是否有任何模型的建立或者理論的創新,而是著重於觀念的應用與問題的解決。例如:在一個網路行銷的實務專題中,同學可以旅遊產品網路行銷或旅館網路訂房為例,對其網路商品銷售策略進行分析、比較,並作成企業改進的建議與參考。另外,在行銷方面,同學可根據對企業的需求與目標的瞭解,並探討觀光餐旅產業的顧客滿意度等,進行主要顧客群的產品的規劃與設計。以上兩個例子均符合「實務性」,也就是所謂的實務專題。

　　綜合以上比較得知,不論「實務專題」或者「研究論文」均是以解決現實中所發生的問題,或利用所學的理論、知識為出發點,利用科學與邏輯性的研究方法,作一一的驗證。也就是說,必須實際切入現實環境的

一個問題，然後經由探討、驗證、分析，以尋求解決的辦法，或作為決策的依據，這也是觀光餐旅研究實務專題論文製作的主要重點。

(二)觀光餐旅研究

　　研究是解決有需要的問題，而這問題是有其需求的必要性。因此，觀光餐旅研究就是在解決觀光餐旅的必要需求問題。研究方法，訓練培養學生發現問題、整理問題、蒐集證據資料、用邏輯歸納結果及提出解決問題方案，且藉實務專題製作例，提供學生一個自我訓練及提升能力的機會，以達增進觀光餐旅學生的專業知識與科學研究步驟。它是一套有系統的科學方法，用以蒐集資料與證據，具邏輯性，其結論應具公平性與代表性。結論具有信效度，是可以被再次驗證的。此外，其結果可被推論至相似條件下的相關產業，應用於未來開發。觀光餐旅研究是採用相當科學的方法與定義，且系統地調查分析觀光餐旅業問題。觀光餐旅業問題的發現主要來自四大領域——學術機構、協會相關領域、觀光餐旅業和政府。

三、研究限制

　　本書主要內容為筆者二十三年來的教書經驗與體驗，書中大部分的範例皆為筆者歷年任教科技大學專題生的個案、國內外投稿的文章、國科會專案及產學合作案，故可能會有過於個人主觀認知與見解，或許有其他研究者對觀光餐旅研究方法有不同看法與觀點。因為篇幅所限，在此只挑選北中南各一所學校為代表，若能參考綜合更多所有關觀光餐旅系教學宗旨，相信其內容會更加豐富。

第四節　角色扮演

一、腳本

　　兩位學生參與角色扮演，可以在教室外或者在教室內練習。一位同學扮演A學生，另一位扮演B學生。請讀下面的劇本並選擇你自己的腳本。

> A學生：學生在選擇專題組員（team members）常會覺得有一點難，因為大部分會選跟自己比較好的同學或者選跟自己長處互補的同學？

> B學生：或許沒有絕對的定律是選擇好朋友或者個性互補的同學。選擇好同學常會因為比較瞭解，所以溝通會比較方便，但選擇互補同學可以互相學習並且學習如何跟他人溝通，因此同學們要思考什麼樣的專題組員是比較適合你？

> A學生：聽起來好像是一個好問題？除了思考專題製作組員的個性與專長外，還有什麼應該要注意？以利後面專題製作的進行？

> B學生：我就知道你會問我這問題？哈，你可以繼續探索下去就知道了……

繼續延伸思考……

> A學生：你告訴我執行專題研究時主題必須跟我們系上的專業課程有所相關，如跟觀光餐旅管理及運動休閒管理兩大主軸，我們要挑選飯店、餐廳、旅行社、航空公司、健身房、休閒農場、民宿等哪一個產業做研究比較好？而這些產業哪一個比較適合專題製作題目？而要找哪位老師擔任專題製作的指導老師？

> B學生：喔！讓我一次回答一個問題。是的，我們系上專題製作的題

目很廣泛，因此，學生可以做更多元化的選擇，如不同產業的行銷、人力資源管理、策略管理或資訊管理等，但建議最好要考慮自己要寫的專題主題跟選擇的指導老師專長是否有相關等。

繼續延伸思考……

A學生：我已經決定要研究餐旅業如旅館業當作我的專題。你計畫做什麼專題呢？

B學生：我對行銷策略相關的研究議題有興趣。

A學生：那你做哪一個產業的專題呢？要找哪一位老師當指導老師？

B學生：我目前已經努力找到我的專題製作組員，我將與我的專題組員一起討論更進一步專題題目與指導老師？

A學生：哇！你已經找到專題組員了！不然我很想跟你同一組，可以多一個組員嗎？

繼續延伸思考……

B.學生：目前我們這組組員已有四位同學，不知道系上是否有規定專題製作組員人數？我們必須先要瞭解專題組員人數？如果還可以增加組員，我再問一下其他同學的意見如何？

二、選對人是專題成功的重要因素

請寫下找尋專題成員的因素，並進一步考慮哪些同學是你希望一起執行一年的專題partners。好的開始是成功的一半，專題製作的起始階段決定未來專題製作過程的順利與否，因此同學在這個階段千萬不得大意，請寫下選擇專題成員的考慮因素（**表1-1**），以利專題順利進行。

為培養學生團體作業（teamwork）的能力，實務專題課程採用分組的方式進行，學生可依喜好及興趣自行編組，亦可於需要時經由教師指定編組，每一小組以四至六人為原則。專題開始時，同學需先決定未來專題

表1-1　請列舉選擇專題成員的因素

1.自我覺察並自我接納	11.統計能力佳
2.有責任感	12.英文能力佳
3.容易溝通	13.電腦應用能力佳
4.有意願且有效的學習	14.分析能力佳
5.瞭解及尊重他人	15.對專題主題有興趣
6.正向思考	16.興趣與嗜好相近
7.良好的態度	17.人格特質相近
8.有領導特質	18.專長相同
9.配合度好	19.文筆能力佳
10.人際關係佳	20.整合與邏輯能力佳

的研究領域，然後選擇志同道合的同學組成小組。在分組的時候，除了考慮成員是否有共同的興趣之外，也需考慮小組成員的能力。

　　一般來說，組員之間有互補的專長遠比有相同的專長來得好。例如：在同學要替民宿業者架設商務網站建置的專題中，若組員中同時擁有行銷、商品企劃、網頁設計、電腦繪圖及架設網站等專長，就比同時只具有網頁設計或架設網站專長的組合為佳。可是多數同學在分組時，往往忽略了這一點，以至於每一位組員均擁有相同的專長，而有些重要的工作卻無人能夠勝任。因此，各組在成立之時，應特別注意組員專長的多元性，才能使專題順利進行。

　　由於分組的方式與未來專題製作進行的成效及品質關係密切，故同學在選擇小組夥伴時應謹慎。若小組在正式成立之前組員間能妥善溝通，並將工作預先做一粗略性的分配之後才成立小組的話，日後所發生的問題會遠比草率分組來得少。一旦小組成員確定後，各小組即可正式成立，並且開始進行下個階段的工作。

三、請填寫系上規定的實務專題分組表

　　參考上述選擇專題成員的因素，選出專題分組名單，並至系上網頁下載實務專題分組表（**表1-2**）並填寫上組員名字，並將此表格在規定時間內送至系辦公室，此表格在送至辦公室前必須同時經由指導老師簽名及確定該組專題生的實務專題題目，故選擇專題主題方向目跟指導老師的選擇有密切關聯，接著請同學思考一下並寫下尋找指導專題老師的因素（**表1-3**）。

表1-2　A科技大學休閒產業管理系（日四技）實務專題分組表

學年度：　　學年度			
實務專題題目：			
類別：　　　類群（商管、餐旅、運動、外語）			
指導老師	（簽章）		
分組名單	學生姓名	學生學號	備註
			（組長）

1.各組畢業專題至少有一位指導老師，若需共同指導時，則需指導老師同意。
2.本專題以分組方式進行，每一組以最多四～六人為原則。
3.每一位指導老師以指導三組為上限。
4.其餘相關規定敬請參閱本系四技部專題製作辦法。

※務必於9月26日(五)前繳回系辦公室

表1-3　學生尋找指導專題老師的考慮因素

1.	
2.	
3.	
4.	
5.	
6.	
7.	
8.	
9.	
10.	

貼心叮嚀

　　根據Phillips和Pugh（2000）指出，有很多研究並不是發現原來所不知道的事物，而是去發現原來自己並不知道某些事情。也就是說研究不一定是探討未曾接觸及的新世界，而是在想當然耳的事物中發現新觀點、指出原來的偏見。

　　Valentine（2001）尋找研究的議題，可以從自己的日常觀察開始，或者在聽一堂課、閱讀論文或報紙時，可能發現個人經驗無法有理論可解釋，或者對於特定的人、地、政策感到好奇。

　　尋找題目的靈感從何而來呢？可以從相關課程或演講、閱讀圖書館內近期的重要期刊論文、查詢論文後面的參考書目、參考論文後面未來研究建議、閱讀報章媒體的新聞事件，或者與同學和老師討論。

Chapter 2

文獻回顧——質化與量化研究

　　為什麼要尋找文獻？首先，文獻可以幫助你瞭解關於你有興趣的研究議題目前已經有多少既有研究，及此議題已研究地步與範圍：一方面避免重複別人已經做過的研究，一方面站在別人的研究基礎上繼續前進。我們可以學習文獻中的理論觀點與研究方法，或者從文獻中找到可以研究的新題目。閱讀文獻、建立理論架構與撰寫研究問題並非是一個線性過程，而是互動式、相互影響的。無論你選擇什麼議題進行研究，總會有相關文獻。忽略了相關先前研究與理論，讓你冒著探索一個無意義的問題、重複別人已經做過的研究、重複別人錯誤的風險（Merriam, 1998）。

　　筆者這幾年指導大專生專題的過程中，常覺得學生對於研究的一些專有名詞不是很瞭解，如質化與量化或先質化後量化兩者之研究？美國認知心理學家Ausubel所提倡「有意義的學習」，即在學生的先備知識基礎上教他學習新的知識，換言之，只有配合學生能力與經驗的教學，學生才會產生有意義的學習。因此，本書試著透過學生既有的先備知識概念，進而比擬專題研究過程的基本概念，如質化與量化研究就好比中餐與西餐，有時可能比較喜歡吃中餐，有人可能偏好西餐，或兩者皆喜歡吃。本章首先介紹質化研究，接著說明量化研究，進而比較質化與量化研究，最後為角色扮演。

第一節　質化研究方法

　　本節將針對質化研究方法的起源與定義、研究的類型、質化報告的章節結構說明，最後介紹質化研究被認為太主觀的質化研究信度與效度。

一、質化研究方法的起源與定義

　　質化研究是一門新興的方法論課程，過去所謂的研究方法論課程，並沒有劃分量化與質化方法論的分別，但時至今日，將研究方法論分為量化（quantitative methodology）與質化（qualitative methodology）兩大部分，似乎是必然趨勢。一般而言，量化方法論的發展比較成熟，簡單來說，這個方法論必須大量運用統計分析的概念，而資料的形式也必須是電腦程式可判讀的數量資料。然而，質化方法論在管理領域，如行銷機會或消費商品定位等的發展卻是1980年代晚期至1990年代的事（維基百科，2016），光是翻譯名詞就有好幾種不同的翻譯方法，如質化方法、質的方法、質性方法等，故本書為一致性，後面就統一稱為質化方法。

　　質化方法就是「非量化方法」，這是將社會科學的方法分為兩種：一種是量化，另一種是非量化，其實這是專斷的二分法。量化方法以數據作為推論的唯一依據，例如，以迴歸分析影響國際觀光旅館服務品質的因素最具解釋力的變項為：房價，結論就是希望旅館業能價低住宿客的策略。在質化論者來看，這樣的判斷是很危險的，因為用迴歸分析的量化資料本身可能是錯誤的，樣本也可能是有問題的，更何況每項資料如果脫離了系絡（context）與情境（situation），這些資料就沒有意義。許多量化資料其實是人為詮釋的結果，並沒有一個客觀的數據可以進行跨個案的比較。例如，國際觀光旅館平均房價為4,200元，這個數目對於一般上班族與商務旅客的意義大不相同，前者可能因薪水固定所以覺得此價格太貴；後者則可能為住宿以商務為主故接受度比較高；但對於量化論者來說則是一樣的。

　　因此，質化論者不僅沒有排斥數據，反而經常性地加以援用；與量化論者不同之處在於質化論者絕對不迷信數據，不把數據當作唯一的推論依據，數據不過是所有資料來源的一種而已；當質化論者運用數據的時

候，非常重視支持數據的系絡背景與主觀意義，脫離這兩項所有的數據都
是浮面的，毫無意義的。

　　質化方法不是一種嚴謹的科學方法，這是從能否量化程度來劃分科
學方法的嚴謹程度，同樣也是錯誤的觀念。量化方法的嚴謹性主要來自於
邏輯實證論的傳統，以數據作為唯一的投入項目，以統計分析作為分析的
方法，以建構因果模式為最高目標，以信度與效度作為檢驗模式正確性與
否的標準。不過，就質化論者而言，這樣的研究方法是嚴謹，但亦可能是
僵化，因為我們所研究的對象——人類社會，是一個有思想的高等動物之
組合，一舉一動都隱含著某種特定意義在內，特定情境也會出現不同的行
為；因之，研究對象是變動不拘的，而人類所處的情境更是具有高度的
不確定性，必須以動態而彈性的研究方法才能洞悉人類活動的真相。因
之，質化論者為了探討這個變動不拘的人類社會，必須蒐集不同情境的不
同資料，針對不同資料類型更須發展出不同的分析方法，說明如下：

二、質化研究的類型

1.現象學取向研究：現象學者認為人類的行為基本上是一種有意義的
行為，透過人的意識和情感完成一切認知和價值的活動，而人的價
值體系是由主體的意識和興趣來建構，並且落實於日常的社會關係
和生活世界。因此，研究者須採用開放的研究態度，進入研究對象
所處的自然生活情境，去探尋和體驗他們，詮釋思想、情感和行動
架構，藉以瞭解他們在日常生活事件中所建構的意義。現象學研究
者相信我們每個人經由與他人的互動，而有多種解釋經驗的方式。
研究者的主要工作就是去瞭解人們解釋其經驗世界的過程。如研究
者以方法目的鏈探討高齡者休閒進香旅遊之價值內涵。

2.傳記研究、自傳、口述歷史：如身心障礙者是如何面對其生活適應

上的問題。

3.民族誌研究：如原住民學生與平地學生分班或合班上課的潛在學習
內涵。

4.紮根理論：我們可以建立理論說明台灣民宿業者的退場機制或提出
創新的解決方案。

5.個案研究：如針對飛牛牧場的遊客遊憩體驗與設施滿意度之研究。

6.共識質化研究（CQR）：如國小輔導教師應具備哪些團體輔導能
力。

7.焦點團體：如我國技專校院旅館系學生專業能力指標之建構探究。

8.敘事研究：如教育老兵的生命故事敘說。

三、質化研究結構

質化研究其章節結構大致流程簡述如下：

確定研究問題→研究概念的澄清→相關文獻的檢視→理論基礎的陳述
→選擇研究場所和對象→進入現場→蒐集與檢核資料→提出假設→資
料的分析與詮釋→獲得結論

1.研究問題的背景：研究該問題的動機為何？目的為何？打算探討的
問題焦點為何？

2.研究概念的澄清：該研究報告涉及哪些重要的科學概念？如何加以
定義？

3.相關文獻的檢視：與該研究相關的文獻為何？大概內容為何？有何
優缺點？你的研究與這些文獻有何不同之處？

4.理論基礎的陳述：該研究報告所涉及的概念中，到底係源自於何種
管理學、行為學、行銷學或觀光餐旅政策理論？可否將該理論的大

概內涵加以說明？

5.研究架構的建立：本研究的分析架構為何？自變項、因變項、中介
變項各為何？他們彼此之間的關係為何？可否畫出一個關係圖形？
質化研究假設，不是一開始就提出假設，而是蒐集資料之後，逐漸
形成假設，再視實際需要作修正。

6.研究方法的說明：你所打算使用的資料類型？資料蒐集方法？研究
範圍與對象？研究限制？如何克服該限制？如利用錄音、錄影、觀
察、訪談紀錄，加以檢核查證，以確保資料的正確性。與研究對象
建立友善關係，減少其排斥或抗拒的心理。對於研究場所和對象，
通常採用立意取樣法，選取願意合作的對象，也必須得到受試者的
監護人或單位主管的同意。

7.實際研究成果的分析：選擇一個質化方法（如訪問、觀察、個案研
究等）進行資料分類、統整，次數最多的就是主題，將初步結果予
以分析與詮釋出來。

四、質化研究信度與效度

質化研究中被認為信效度的採定太主觀，故介紹質化研究可採以下
研究設計技術，以提高研究的信度與效度（林明地等譯，2000）：

1.長期現場蒐集資料：研究者需花費長時間沉浸於研究情境中是相當
重要的，它讓研究者可以進入情境、學習其語言，並成為可以被接
受與信任的成員。另外，研究者可以在充裕時間內，檢查先前對研
究情境所持有的偏見與態度；亦可透過對非典型事件發生的觀察，
找出重要事物與深層知覺反省，使研究者能夠對研究情境，作更深
度描述與深入的洞見。

2.三角定錨法：研究者可利用許多資訊與資料的來源，例如，當主題

開始從深度訪談、文獻分析或學者專家綜合座談產生時，對於這些資料採取交互檢核（cross-checked），以證實與檢查這些資料的正確性，並檢測不同行動者對既定事件的知覺。成員間的檢核：研究者應持續地向被研究組織的相關人員確認資料、訊息與觀點。此外，研究者的日誌與紀錄，應該包括成員間檢核的確實紀錄，以及來自於他們的回饋用於研究之中的詳細紀錄。

3. 參考的適當材料：研究者可從研究現場建立並維持一個與研究有關的資料檔案，包括組織手冊、出版刊物、相片、錄音帶、錄影帶等。這些材料可以在一段時間之後，協助研究者在整理資料時，回憶當時觀察的情境感覺，有助於研究結果的發現。

4. 深度描述：在長期觀察的過程中，研究者將謹慎地進行三角定錨法、成員間的檢核、證實資訊，並蒐集可參考的適當材料等，其所有的目的都在發展深度描述。深度描述需要以「讓讀者如臨其境」（take the reader there）的方式，綜合統整有關的訪談、文獻與觀察資料等。

5. 同僚會商：研究者有時可能需從研究的情境中脫離出來，並與具備相關資格和研究興趣的同事，討論研究的進度與本身經驗。同僚會商可以在研究仍在進行的同時，讓研究者有機會檢視其思考、提出問題與憂慮之處，並詳細討論研究者可能知道或未察覺的問題。

五、質化研究會遭遇的困難與順利進行之關鍵因素

依筆者的經驗進行質化研究時最常碰到的問題是：

1. 有時要尋找合適的個案或尋找到的個案結果不具代表性。

2. 受訪談者本來接受訪談，但事後表示太忙或沒意願接受訪談。

3. 受訪談者接受訪談時，有時無法回答要研究的問題，或者常會有

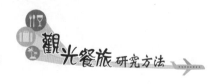

「雞同鴨講」的狀況出現。

4.有時受訪談者僅提供一般可以蒐集到的廣告或制式的表面資料,會避重就輕不願回答關鍵問題。

因此,如何讓質性研究進行得比較順利,筆者的經驗如下:若由個人工作經驗或教學經驗出發,亦為研究者有興趣的主題,選的題目不要太廣,最好是一個或兩個主要概念,進行深度訪談,在此過程中,自己要先做功課,如蒐集到許多公開的資料,並能夠與訪談資料配合使用,受訪者才能跟訪談者有共識。此外,若碰到比較健談的受訪者,最好能適度引導受訪者分享其研究主題之內容如訪談大綱,以利訪談之順利進行。

 **專欄** **做研究猶如做菜vs.研究方法**

一、中西餐的類型與概念與質量化類型與概念

如以中餐比擬質化研究方法,西餐比擬量化研究方法,希望觀光餐旅相關科系學生們能將以前先備餐旅知識應用在研究方法上,舉一反三,觸類旁通,期望能幫助學生對觀光餐旅研究專題製作有所幫助。

(一)質化如中餐

主要讓同學們知道中菜有不同類型,可分為八大菜系加上台菜等,而質性研究也有不同的研究類型。餐旅科系學生們知道,不同地區的菜色有其特色及典故,其可能因為地理或民俗風情有所不同而不同,做研究也一樣,也會因為不同的研究問題而有不一樣類型的研究法,而每一種類型研究都有其特色與應用。

就如有人喜歡做粵菜或川菜等;而有些研究者喜歡研究現象學取向研究、紮根理論或個案探討等,但只要做菜者有心學習,則可以同時學會做多種類型菜;研究者亦同,只要研究者努力,其同時會有民族誌研究、紮根理論及個案研究探討研究能力等。而不管做菜或做研究,雖然屬性不一

樣，但相同的是兩者都要瞭解其內容，這樣才不會將題目與內容搞錯，張冠李戴。以下就中菜類型說明如下：

1. 粵菜（廣東菜）：廣東地處中國延海，境內高山平原鱗次櫛比，江南湖泊縱橫交錯，氣候溫和，雨量充沛，故動植物類的食品源極為豐富，同時廣州又是歷史悠久的通商港口岸、城市，吸取了外來各種烹調原料和烹飪技藝，使粵菜日漸完善，加之旅居海外華僑把歐美、東南亞的烹飪技術傳回家鄉，豐富了廣東飲食的菜譜，使粵菜在烹調技藝上留下了鮮明的西方烹飪痕跡。注重質和味，口味比較清淡，力求清中求鮮、淡中求美。而且隨季節時令的變化而變化，夏秋偏重清淡，冬春偏重濃郁，菜餚色彩濃重滑而不膩。如煲仔魚丸，魚丸是廣東人喜愛的日常食品，一般以淡水魚為主料。

2. 閩菜（福建菜）：福建東臨台灣海峽，西北多山，依山傍水，資源豐富，埌歧島的蠣、河鰻，長樂梅花的竹笙，樟港的海蚶，廈門延海的龍蝦、明蝦、黃魚、紅蟳、魷魚，以及閩江上游的石鱗魚、冬筍、香菇等，為福建提供了獨特的材料。閩菜以海味為主要原料，如佛跳牆。

3. 川菜（四川菜）：其特點是酸、麻、辣、香、油重、味濃、注重調味，離不開三椒（即辣椒、胡椒、花椒）和鮮薑，以辣、酸、麻、膾炙人口，如麻婆豆腐等。

4. 湘菜（湖南菜）：具有鮮明湖南地方特色菜餚的統稱。湘菜以辣味豐富適當、製作嚴謹、突出菜餚本味而著名。湖南菜有三個特點：一是刀工精妙，形味兼美；二是長於調味，酸辣著稱；三是技法多樣。湘菜技法早在西漢初期就有羹、炙、膾、濯、熬、臘、濡、脯等多種技藝，經過長期的變化，到現代技藝更精湛，「湖南菜」向來以辛辣著名，如剁椒魚頭。

5. 蘇菜（江蘇菜）：江蘇菜的特點是用料廣泛，以江河湖海水鮮為主；刀工精細，烹調方法多樣，擅長燉燜煨焐；追求本味，清鮮平和，適應性強；菜品風格雅麗，形質均美，如叫化雞。

6. 浙菜（浙江菜），江浙菜系地處長江下游，面臨東海，種植業和養

殖業都十分發達，海洋捕撈業居全國之首，盛產海味，如著名的舟山漁場的黃魚、帶魚、石斑魚。

7. 魯菜（山東菜）：魯菜講究調味純正，內地以鹹鮮為主，沿海以鮮鹹為特色，具有鮮、嫩、香、脆的特色。十分講究清湯和奶湯的調製，善於以蔥香調味，烹製海鮮有獨到之處，如紅燒獅子頭。

8. 皖菜（安徽菜）：徽菜的主要特點，簡單說就是「重色，重火功」，以及使用多種野味。烹調方法上擅長燒、燉、蒸，炒菜反而比較少，徽菜廚師的功夫特點，最大的考驗在於「不同菜肴使用不同的控火技術」，這也是徽菜能形成酥、嫩、香、鮮的優點。而其中最能表現徽菜特色的是滑燒、清燉和生熏法，如黃山燉鴿等。

9. 台菜：傳統的台菜源自福建；其在日據時代頗受日本食風的影響，內容起了微妙的變化，逐漸形成「漢和料理」；大陸易幟前後，更冶中國各地的口味於一爐，大大影響台菜本來的面目。故目前的台菜不閩不和，似中非中，尚不能成為獨立的體系。但它實在很可愛，納百川而流大海，先在消夜站穩腳步，又在海鮮攻占席次，以後將打通任督二脈，從早到晚，一切搞定。畢竟，傳統的台菜雖已式微，但仍占一席之地；漢和料理至今觀之，尚有成長的空間；而混省的口味，更是條變色龍，只要加上創意，絕對獨霸食林。

此外，亦有地方風味菜如京菜（北京菜）、滬菜（上海菜）、豫菜（河南菜）、鄂菜（湖北菜）、秦菜（陝西菜）、遼菜（遼寧菜）及素菜（寺院菜）等。例如北方菜因受地緣氣候影響，內容以肉類為多，蔬果、海鮮較少，肉類以牛、羊、豬為主，再加上北方氣候乾冷，所以北方人的口味都比較重，有「北鹹」之稱，如「北京烤鴨」。

由上可知，若要將各地菜做得很道地，除了基本的刀工外，還需要瞭解各地因歷史背景、地理位置、民俗風情及氣候等因素知識，才能更多元豐富中國八大菜系、地方風味菜與台菜。

(二)量化如西餐

如法式、義大利、美式、德及俄式等各國料理。此外，亦有異國料理，如日本、韓國、越南、泰國、印尼、南洋等非中西式的料理等。

二、做菜的基本刀工vs.做研究的研究方法

做研究猶如做菜，可以選擇中式或西式菜，亦為質化或量化，因此可以選擇自己喜歡的菜去做，或者有些人做菜視人們喜歡的趨勢而調整做菜的方式與味道等，如養生健康風與休閒慢活等趨勢，不只是健康還要有美感與幸福感等。所以做研究亦如此，有些人喜歡做質化有些喜歡做量化，但有些人可能會因會社會趨勢做調整，讓其研究更具時代性或實用性等。基本上，不管中西菜其刀工（如直刀法就有推刀切法、拉刀切法、滾刀切法、劈法、推刀劈法、反斜劈法；亦為我們常看切成塊、條、丁、片、絲等刀工技巧）與衛生、安全概念都很重要，因為餐飲衛生與安全管理目的為防止飲食所引起之健康危害。

故餐飲業者對餐飲衛生相關法令規章要瞭解並遵守之，而這也是餐飲入門的基礎概念，但當你有上面的基本餐飲衛生與安全概念及刀功後，可以依自己喜歡的菜做進一步的學習與製作，甚至創新與研發不同菜色。這除了興趣外，還需要時間的磨練與耐心，因必須禁得起無數次的改良研發，除了好吃外，還要兼顧色香味，精益求精，其菜色讓人看了很想吃但又捨不得吃，因為實在太漂亮猶如藝術品般，讓人讚不絕口。

做研究其基本功為研究法，如研究問題陳述、文獻瞭解、資料分析、結果推論、結論與管理意涵與研究貢獻等基本概念之瞭解，亦須重視學術倫理道德，這部分由如餐飲的衛生與安全，若不重視則可能引起很嚴重的負面結果，而做研究的學術倫理很重要，如剽竊或變造研究結果數據等，此外，還要有研究該主題的基礎背景瞭解（subject matter），有了這些入門基本功後，研究者即可依自己喜歡的研究題目做進一步的學習與探討，甚至創新與研發不同、有趣的研究主題。當你有機會閱讀到一篇主題有趣、文字精練流暢、架構完整、合乎邏輯、結果具理論或實務具貢獻性的文章，那種感覺就如同吃到一道很健康且色香味具足的菜餚一樣的滿足與讚嘆。

 ## 第二節　量化研究方法

本節主要介紹量化研究方法的起源與定義、量化研究的問題類別與基本信念、量化研究的資料蒐集類型及量化研究信度與效度。

一、量化研究方法的起源與定義

量化採取自然科學研究模式，對研究問題或假設，以問卷、量表、測驗或實驗儀器等作為研究工具，蒐集研究對象有數量屬性的資料，經由資料處理與分析之後，提出研究結論，藉以解答研究問題或假設的方法。可以在短時間內，蒐集一大群受試者的反應資料，有利於分析現存的問題。但研究樣本大都由母群體抽樣而來，因此將研究結果推論到母群體時，有其限制。控制研究情境，客觀、避免偏差。以旁觀者角色，瞭解研究對象。

主要量化研究設計：調查法、相關研究法、實驗法。程序階段：定義研究問題—文獻探討—形成假設—研究設計—工具選取及抽樣—蒐集資料—分析資料—達成結論。亦即，量化研究採實證主義的觀點，以統計分析探究社會的現象，企圖建立放諸四海皆準的原理原則，更進一步解釋、預測和控制社會的現象。量化的研究者皆認為社會的現象可透過觀察而得，強調價值中立的態度，以達成客觀。

二、量化研究的問題類別與基本信念

針對量化研究的問題類別與基本信念進一步介紹，量化研究的問題大概可分為描述性、關聯性及因果性問題；量化研究的基本信念有四點，分述如下（博智研究，2016）：

(一)量化研究的問題類別

1.現況不明的問題稱為「描述性問題」。
2.關聯不清的問題稱為「關聯性問題」。
3.因果不解的問題稱為「因果性問題」。

例如：研究者如想要瞭解餐旅業服務員的是否具有良好的服務態度？什麼是服務態度？這樣的問題就是「描述性問題」；如果研究者想進一步知道餐旅類員工服務態度和人格特質的關係，那就是「關聯性問題」；如果研究者更進一步探討餐旅類員工服務態度對顧客滿意度的影響，那就是「因果性問題」。

(二)量化研究的基本信念

1.量化研究可以發現事實，透過計量分析的方法觀察社會現象，其可信度更高。
2.量化研究可以驗證假設：社會科學研究主要目的之一是考驗假設，故須將資料予以數量化，再以統計的假設檢定方法加以檢驗。
3.量化研究可以建立定律：假設經過多次驗證程序而得到相同的結果，則定律就可以成立。
4.量化研究可以建構理論：如果某一定律有其他許多相關的定律或概念支持，進而建構完整的概念系統，就可以形成經驗性的理論。

三、量化研究的資料蒐集類型

量化研究的資料蒐集類型可分為非干擾性研究、社會調查法及實驗法。

(一)非干擾性研究

1. 二次或次級分析（Secondary Analysis）：借用他人已經取得的「原始資料」（即還沒有處理過的資料）來做自己的研究和統計分析，如拿觀光局旅館的住宿率或平均房價，做旅館業策略預測與訂定數據等，研究時若要使用別人的資料，必須徵求同意或者註明來源出處。

2. 現有統計資料分析法（Data Analysis）：運用他人已經完成的統計分析資料，再搭配自己蒐集到的相關資料，提出自己的看法與發現。此法雖省時省錢，但效度（即資料無法完全或資料選取不客觀）與信度可能比較不佳（樣本資料會隨時間或空間改變意義）。

3. 內容分析法（Content Analysis）：與歷史分析或文化比較法類似，但歷史分析屬質化研究；內容分析屬於量化研究，即對具體的大眾媒體工作做有系統且量化的分析，再加以描述的一種方法，也就是將蒐集到的質化素材（如報章雜誌等）透過編碼（coding），量化的過程。

(二)社會調查法

針對某一社會現象，以抽樣方法，透過問卷或訪問等工具或步驟，來蒐集樣本資料，經統計分析後，推論到母體的方法，其中又分為訪問法、問卷法、焦點團體法及深度訪談法。

(三)實驗法

實驗法包括三項要件：

1. 控制：一般控制自變項或研究情境，以消除影響研究結果的外在因素。

2.隨機化：將研究樣本隨機分派到控制組或實驗組的方法，實驗研究
　設計通常以一個控制組，作為比較的基礎。

3.干擾變項的處置：當我們探求實驗處理與實驗結果之間的關係時，
　容易受到許多干擾變項的影響，必須設法透過隨機化或統計方法加
　以排除。

四、量化研究信度與效度

　　信度（reliability）意義：測量的可靠性（trustworthiness），一
致性（consistency）——表示測驗內部試題間是否相互符合，穩定性
（stability）即對同一件事物進行兩次或以上的測量，其結果的相似程
度。即不同的測驗時點下，測驗分數前後一致的程度，信度越高，代表測
量結果越可靠（邱皓政，2011）。

(一)信度的數學原理

1.凡測量必有誤差，誤差由機率因素所支配，為一隨機誤差（random
　error）。

2.測驗分數＝真實分數＋誤差分數。

3.測驗總變異量＝真實分數的變異＋隨機誤差變異。

4.信度係數介於0與＋1之間，數值越大，信度越高。

◆ 信度的類型

1.再測信度（test-retest reliability）：係指以同一種測量工具，對同一
　群受試者，前後測驗兩次的相關係數。又稱穩定係數。

2.複本信度（alternate-form reliability）：同一群受試者接受兩種複本
　測驗的得分之相關係數。

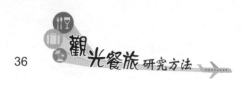

3.折半信度（split-half reliability）：測驗題目依題目的單雙數或其他方法分成兩半，計算受測者在兩半測驗上的分數的相關係數。

4.內部一致性係數（coefficient of internal consistency）：反映測量工具內部同質性、一致性或穩定度。同質性越高，代表量表試題是在測量相同的特質。如KR20（庫李信度）適用於二分變數的測量；Cronbach's α適用於多元尺度變數的測量。

5.評分者間信度（inter-rater reliability）：不同的評量者間分數的相關係數。

◆影響信度的因素

影響信度的關鍵因素是測量誤差，可以減低誤差的方法，即能夠提高信度，其基本原理為中央極限定理、測量標準誤、共變量的計算。影響信度的因素：受試者因素（如受測者的身心健康狀況、動機、注意力、持久性、作答態度等變動）、主試者因素（如非標準化的測驗程序、主試者的偏頗與暗示、評分的主觀性等）、測驗情境因素（測驗環境條件如通風、光線、聲音、桌面、空間因素等皆有影響的作用）、測驗內容因素（試題取樣不當、內部一致性低、題數過少等）及時間等因素。

(二)效度

效度（validity）的意義，測量的正確性，指測驗或其他測量工具確能測得其所欲測量的特質或功能之程度，測量的效度愈高，表示測量的結果愈能顯現其所欲測量對象的真正特徵，測驗的效度通常以測驗分數與其所欲測量的特質之間的相關係數表示之。評估效度的方法可分為判斷法（informed judgment），測量特性與質的評估，以及實徵法（gathering of empirical evidence），根據具體客觀的量化指標來進行評估。

◆**效度的類型**

1. 內容效度（content validity）：反映測量工具本身內容廣度的適切程度，強調測量內容的廣度、涵蓋性與豐富性，針對測量工具的目標和內容，以系統的邏輯方法來詳細分析，稱為邏輯效度（logical validity）。表面效度（face validity），指測量工具在外顯形式上的有效程度。

2. 效標關聯效度（criterion-related validity）：以測驗分數和特定效標（criterion）之間的相關係數，表示測量工具有效性之高低。如同時效度（concurrent validity）與預測效度（predictive validity）。

3. 建構效度（construct validity）：指測量工具能測得一個抽象概念或特質的程度，多元特質多重方法矩陣法（multitrait-multimethod matrix）：聚斂效度（convergent validity）及區辨效度（discriminant validity）。因素效度（factorial validity）：一個測驗或理論因素結構的有效性。

◆**信度與效度之關係**

信度與效信度代表測量的穩定性與可靠性，效度為測量分數的意義、價值與應用性，實際效度（r_{xy}）$\leqq$ 信度（r_{xx}）的平方根，信度的平分根是效度係數的上限。當信度越高，效度係數即可能越大。

第三節　質化量化研究之競合比較

質或量的研究均無法掌握「全真」：量的研究以考驗證明真理可能程度，即使再精密的設計，仍只能掌握大部分「全真」；質的研究深入理解現象，也是局部、個別的，無法掌握「全真」。唯有量化的實驗研究

才能回答因果之間的問題,但也唯有在自然情境下長期的質性探究才能對社會現象進行整體的、動態的及情境性的理解。而質性研究的歸納及量化研究的演繹如何妥協?人的思惟必然包含兩者,文化脈絡與科學規律之間的協調。因此,質化結合質量化之研究的好處:(1)可以根據實務現象蒐集不同性質的資料,以回答所提出的研究問題;(2)以量的方法提高研究資料及研究結果的可靠性,以質性方法進一步就不同層面進行探問及說明。無論是質的研究或量的研究,研究者在研究的過程中均需說明研究問題、樣本的選擇、資料的蒐集、分析、報告、撰寫等步驟。

在實作上常見學者將質化觀念融入量化的設計中,其理念係認為兩種方法交互為用時,可發揮相互檢查效度與信度之作用。例如將實地調查法融入問卷調查之中,當使用統計技術獲得一組不甚合乎情理之相關時,則可用實地調查去探討這些操作變項間是否真有相關存在,倘是,則是何道理?否則,事實究竟為何?類此即為雙向檢查效度之作法,更可彰顯兩種方法間互補之性質。以下將針對質化與量化研究之定義、研究步驟、研究工具、信效度檢測、優缺點、研究設計類型及研究階段做比較歸納如**表2-1**。

表2-1　質化與量化研究之比較

	質性研究	量化研究
定義	在自然情境中探索個別現象的深層事實,性質上是描述的、歸納的。	性質上是實徵的、大規模的、結構與標準化。
研究步驟	確定研究問題→選擇研究場所和對象→進入現場→蒐集與檢核資料→提出假設→資料的分析與詮釋→獲得結論	定義研究問題→文獻探討→形成假設→研究設計→工具選取及抽樣→蒐集資料→分析資料→達成結論
研究工具	在過程中漸漸形成的;以研究者作為主要工具,實施晤談、觀察。	研究工具是無生命的量尺、測驗、問卷。

（續）表2-1　質化與量化研究之比較

質性研究	量化研究
信效度檢測	質化研究者通常先建立暫時性的理論，再使用某些策略排除效度威脅，而不是經由事前研究設計的方法，來排除效度威脅。包括尋找矛盾的證據以及負面的案例、三角驗證、回饋、參與者查證、豐富的資料、準統計資料、比較等。	1.信度在不同的測驗時點下，測驗分數前後一致的程度，信度愈高，代表測量結果愈可靠。效度測量的正確性，指測驗或其他測量工具確能測得其所欲測量的特質或功能之程度，測量的效度愈高，表示測量的結果愈能顯現其所欲測量對象的真正特徵。 2.檢測信度的類型：再測信度、複本信度、內部一致性係數及評分者間信度。 3.檢測效度的類型：內容效度、效標關聯效度及建構效度。
優點	1.詳盡且有足夠的深度，能看到標準化測驗所看不到的現象。 2.開放性，能發展新的理論，找出過去文獻或研究所忽略的現象。 3.協助人們從更廣的視野看待研究及世界而不會侷限於過去所得研究發現。 4.可以避免主觀先見	1.理論可呈現普遍性現象。 2.觀察可呈現現象的深度。 3.理論可呈現局外人的觀點。 4.理論可量化母群的代表性。
缺點	1.較不容易形成普遍性的通則。 2.較不容易進行有系統的比較。 3.有些時候會與研究者個人風格及技巧有關。 4.對所參與的情境容易形成影響，甚至改變。	1.無法得知現象內較為深度的資料。 2.無法得知現象發生的深度因素。 3.無法得知內部的人的觀點。 4.無法呈現資料有較大的效力。
研究設計類型	1.建構主義的循環模式：幾乎沒有所謂的開始與結束，在理論、經驗、設計、資料蒐集、分析、解釋與理論的修改、經驗的累積反思幾項工作中不斷循環。 2.批判理論的模式：研究應採取批判的態度，經驗只是社會、文化	1.非干擾性研究：可分為二次或次級分析借用他人已經取得的「原始資料」（即還沒有處理過的資料）來做自己的研究和統計分析。現有統計資料分析法，用他人已經完成的統計分析資料，再搭配自己蒐集到的相關資料，提

（續）表2-1　質化與量化研究之比較

	質性研究	量化研究
研究設計類型	及歷史壓抑之下的虛假意識，透過對歷史的回顧及批判才能出先真的意識，研究就是經驗、發現、解釋、理解及經驗之間的循環。 3.互動設計模式（Maxwell, 2005）：研究包括目的、情境、研究問題、方法與效度幾項議題之間的互動，像個漏斗，研究問題是核心，在中央。 4.立體二維互動模式：同樣的目的、情境、研究問題、方法與效度幾個向度二維所指，是在螺旋的倒圓錐體中，縱向方面，此五個向度不斷往下聚焦。橫向方面，則強調各部分的互動不是在一個橫切平面上，而是螺旋狀的往下旋轉。強調研究過程中的動力及深入變化的歷程（陳向明，2007）。	出自己的看法與發現。此法雖省時省錢，但信度可能較不佳。內容分析法Content，即對具體的大眾媒體工作做有系統且量化的分析。 2.社會調查法：針對某一社會現象，以抽樣方法，透過問卷或訪問等工具或步驟，來蒐集樣本資料，經統計分析後，推論到母體的方法，其中又分訪問法、問卷法、焦點團體法及深度訪談法。 3.實驗法：最常見的分為實地實驗法、實驗室實驗法、社會調查法、事後回溯法、觀察法。社會調查法則為量化研究（王淑芬，2007）。
研究階段	• 現象學取向 • 歸納 • 完整全貌 • 主觀而重視內在的 • 過程取向 • 人文社會科學觀點 • 較不重視掌握性 • 瞭解被研究者的觀點 • 動力性的 • 發現取向 • 解釋性	• 實證論 • 演譯 • 重視特定變項 • 重視客觀及外在 • 結果導向 • 自然科學之世界觀 • 企圖掌握變項 • 探索事實及因果關係 • 靜止穩定的 • 驗證導向 • 驗證性

資料來源：本研究整理。

第四節　角色扮演

一、腳本

　　兩位學生參與這角色扮演，可以在教室外或者在教室內練習。一位同學扮演A學生，另一位扮演B學生。請讀下面的劇本並選擇你自己的腳本。

A學生：要瞭解觀光餐旅業研究似乎太困難。你能解釋什麼是觀光餐旅研究嗎？

B學生：或許最好的解釋是透過一些變數。可能一開始定義變數，而另一方面思考為何研究這問題？

A學生：聽起來好像是一個好方法，那什麼地方可以發現變數？而什麼是研究？

B學生：我就知道你會問我這問題？哈，你可以繼續探索下去就知道了……

繼續延伸思考……

A學生：你告訴我執行研究觀光餐旅業的學術機構、協會、產業、業界及政府單位。而這些單位有研究部嗎？而哪些單位有執行研究比較？

B學生：喔！讓我們一次回答一個問題。是的，有一些部門是從事研究工作，如學術機構有執行……

繼續延伸思考……

A學生：我已經決定要研究餐旅業如旅館業當作我的專題。你計畫做什麼專題呢？

B學生：我已經在思考且決定作行銷之相關研究。

A學生：你曾經想過餐旅業？

B學生：有，我選擇……

二、請列舉具有研究潛能的問題

請在下一空白頁寫上你自己的名字，並寫出十個具潛能的問題，這些問題是你個人的興趣或你覺得有潛能的問題，其可能進一步當作你的專題主題（**表2-2**）。

記得，你的問題應該要跟產業相關且是你很關注的問題。你的研究問題即有可能從你所列的十個問題中選出，因你將與專題論文研究相處數個月，所以你要選一個你有興趣且能夠執行的題目，切勿好高騖遠將題目訂得太大或者很快地對此題目不感興趣。

你的研究最後結果需要對產業要有所貢獻，確認你的研究問題不是別人已經做過的題目，確認你能回答你的研究問題，且這對餐旅實務工作是很重要的。

選擇可行的潛在問題，決定你是否能夠找到足夠的餐旅業業者或相

表2-2　列舉具有研究潛能的問題

1.
2.
3.
4.
5.
6.
7.
8.
9.
10.

關人士，他們能回答你的研究問卷？是否有重要的文獻與你的研究問題相關？考慮自己的時間及問卷回答者的數量是否足夠有代表性？

當你完成十個研究潛能問題，你就可以開始尋找心目中的指導老師討論有關你的研究題目與方向。

三、比較研究潛能問題與先期的研究問題

你已經寫下十個具有研究潛能的問題，接著，同學們要花時間針對這些議題閱讀以前相關研究文章，進而對你想要研究的議題有更進一步的瞭解，然後再回到原先你已經寫下的十個具有研究潛能的問題，仔細推敲是否要修改或刪減這些問題，進一步跟系上的老師討論這些題目，首先思考老師的專長領域，並討論專題製作的方向及老師的要求與期許，且思考自己的興趣，同學討論自己的能力如時間、資源等因素後，然後至少挑選三個題目，再進一步跟老師討論其專題希望是學術型或實務型。

四、參考專題題目

請學生可以查閱學長姐的專題題目，並思考自己的題目為研究主題，**表2-3**舉例九篇有關筆者指導大學專題生研究題目，學生可以參考並思考是否有意願將研究結果於學術期刊或研究會上發表。

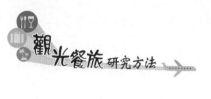

表2-3 專題題目舉例

領域	題目	發表
旅館業	國際會議服務屬性重視度與顧客滿意度之研究——以台北皇冠酒店為例（個案）	（系專題畢業成果發表第一名） *Journal of Convention & Event Tourism*, 11(4), 293-313
旅館業	都會旅館服務行銷之研究——以台中金典酒店為例（產學合作）	（系專題畢業成果發表第一名） 2011永續經營與發展，第九屆管理學術研討會 *Journal of Hospitality Marketing & Management*, 25(6), 748-770
旅館業	兩岸直航對我國中部地區國際觀光旅館之研究	2011年海峽兩岸觀光旅遊研討會《嘉大體育健康休閒期刊》，11(2)，84-93
民宿業	民宿結合區域觀光發展之策略研究——以台中新社為例	（系專題畢業成果發表第一名） 中華觀光管理學會暨台灣休閒與遊憩學會聯合學術研討會 *Quality & Quantity*, 48(1), 225-242
民宿業	民宿業者與消費者對服務品質認知差異之研究	第11屆休閒、遊憩、觀光學術研討會國際論壇《休閒與遊憩研究休閒與遊憩研究》，6(1)，66-79
休閒農業	遊客對休閒農場設施滿意度與遊憩體驗之研究——以飛牛牧場為例	《嘉大體育健康休閒期刊》，31(3)，66-77
餐旅業	價值澄清法於餐旅業客服服務態度之應用	2011永續經營與發展，第九屆管理學術研討會
旅館業	畢業生媒合工作面試之規劃與執行——以旅館系為例	旅館業者給予學生專題表現評分為93分；即將畢業的旅館系同學給予91分；平均92分，很高評價
餐飲業	畢業之禮讚——創意料理之感恩回饋	在校學生給予專題生94分，參與畢業典禮的家長給予92分；平均93分，很高評價

貼心叮嚀

文獻回顧說明就你有興趣的研究主題目前已有什麼理論或經驗研究，所以你將採取何種觀點、提出怎樣的研究問題，將你的研究是放置在既有的相關學術版圖之上；有了研究問題，要選擇適當的研究方法來蒐集與分析資料，並根據回答問題；研究發現與討論是整篇論文的核心，經過這個研究之後，你知道了什麼是研究之前所不知道的，與既有的理論和研究之關係為何；然後在自己的經驗研究基礎上，說明研究的限制以及未來繼續研究的方向，如果可能則提出相關政策的建議。

文獻從何找起呢？相關文獻何處尋，不外乎網路搜尋（資料庫、搜尋引擎）、實體空間搜尋（圖書館、書店、檔案室等）、請教專家等方法。現在是網路時代，很多人有在網路上找到多年未見的小學同學的經驗，當然很有可能自己的小秘密也會不預期的出現在網路中。網路資源確實可以給我們許多意想不到的資訊，也會對研究學術產生莫大的助益。

Chapter 3

實務專題論文

目前觀光餐旅休閒科系的課程規劃中，學生在課程結束前，需提出一份小組的「實務專題」才得以畢業，主要用意在經由專題製作的過程培養學生發現問題、整理問題以及提出解決問題方案的能力。對技職院校而言，實務專題課程不僅提供學生一個提升自我能力及訓練的機會，藉著這個課程，也能促進學校教育與實務界更密切的結合，經由雙方面不斷地接觸、溝通，確實掌握經濟社會脈動，瞭解未來產業的發展方向及人力需求情形，以培養社會所需的專業人才。本章介紹實務專題論文製作、實務專題論文製作的開始、實務專題製作的進行，最後為角色扮演。

第一節　實務專題論文製作

本小節將介紹實務專題論文製作的目的及程序，說明如下：

一、實務專題論文製作的目的

具體而言，實務專題課程設計的目標有如下幾點：

1.養成學生團隊的工作態度與倫理。

2.培養學生獨立思考與研究及創新的能力。

3.訓練學生解決問題的邏輯思考能力。

4.鼓勵學生運用所學的專業知識於實務世界，以增強學生實務能力，符合產業所需。

5.培養學生論文寫作與口頭報告的能力。

二、實務專題論文製作的程序

　　一般大專院校將「實務專題」規劃為一學年的課程，但為製作一份優良完整的專題報告，學生宜在課程開始前一學期即著手進行，並在進行前編製一份工作進度表以供日後參考，然後依計畫進度按部就班地確實執行，方能使專題製作順利的完成。實務專題製作的過程可分為專題製作的開始、進行、完成及評量四個階段，本節將對整個製作過程先作一個概略性的介紹，讓同學有一個整體的架構，詳細的內容將在以後各個章節作更詳細的介紹，同學可依需要參照相關的各個章節；圖3-1是一個簡單的製作流程圖，將專題製作的程序及各項規定完成的項目與時間列出，供同學參考。

(一)實務專題製作的開始

　　好的開始是成功的一半，專題製作的起始階段決定未來專題製作過程的順利與否，因此同學在這個階段千萬不得大意。基本上，專題由以下三項工作開始：

◆ 選擇成員

　　同學在初步決定製作的方向之後，可尋找具有相同興趣及喜好的夥伴共同組成小組，每組以四至六人為原則（特殊情況需經系務會議通過）。在分組之時，除了需考慮成員是否有共同的興趣以及時間的配合度之外，尚需衡量小組中各個成員的能力。根據以往的經驗，互補所長的編組比同時具有相同專長的組合為佳。

◆ 選擇題目

　　題目的選擇是實務專題製作過程中一個重要的步驟，題目的恰當與否決定了專題製作的成敗，所以在選擇題目時應當謹慎。

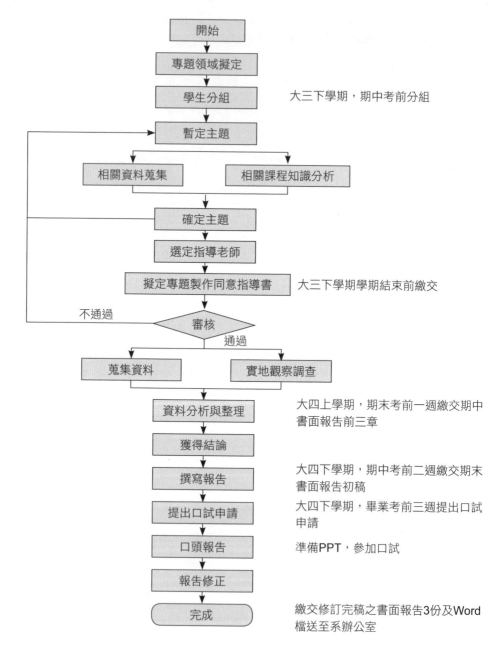

圖3-1　實務專題製作程序與時間

◆選擇指導老師

當編組完成之後，各小組可依照所選擇題目之專業領域，參考系上專任教師的專長選擇指導教師。

(二)實務專題製作的進行

選定專題題目與指導老師後，各組就可以開始專題製作的進行。資料的蒐集為這個階段的首要任務，同學們可利用圖書館及相關的研究單位查詢所需的資料，亦可利用問卷調查或者實地企業訪談的方式取得相關的資訊。資料蒐集完全之後，下一步驟就是要開始整理、閱讀、分析及執行。專題製作過程中，小組成員間或成員與指導老師間的互動是相當重要的，因此，各小組應定期或不定期的開會討論，並邀請指導老師參加，以提供組員與老師間一個互相討論及溝通的機會，一方面藉由討論瞭解專題進行遭遇的困難，共同想出解決的辦法；另一方面也可作為控制進度的一個方法。

(三)實務專題製作的完成

實務專題的書面報告分為期中書面報告及期末書面報告兩部分，期中報告須於修課第一學期期末考前一週提交指導老師，以供指導老師進行評量；而期末報告初稿則必須於修課第二學期期中考前兩週提出，以供各組評審委員進行評量。完整的期末報告應在口頭報告結束後，依評審委員所提出之意見與要求，將書面報告修正。經指導老師確認修正後，將書面報告交至系辦公室。

基本上，期中報告的形式較為簡單，其目的只是讓老師掌握小組的製作方向是否正確、製作的進度控制是否良好，以及在製作過程中所面臨的問題等。期末書面報告是實務專題製作的最主要產物，也是專題製作過程中一項龐大的工程，在撰寫期末報告時，同學應把所蒐集到的資料整

理、分析並得到結論之後,以系統化的方式組織、架構起來,再以精簡的文字撰寫成一份正式的書面報告。

(四)實務專題製作的評量

　　實務專題的評量方式比較多元化,較其他課程具有彈性,從各個不同的角度去評量學生的學習成就,避免以往僅用考試來決定成績的缺點。實務專題製作成果之評量包含平時考核、書面報告考核及口頭報告考核三個項目,以下簡要說明各考核項目。

◆平時考核

　　由指導老師根據各小組成員在製作期間的出缺席率、參與程度、研討表現、協調與溝通能力以及合作的態度等方面進行評量。

◆期中與期末書面報告

　　書面報告的撰寫是考驗同學組織能力的一個重要項目,也是實務專題評量的最主要項目。在專題製作過程中,同學所應繳交的書面報告包含期中書面報告及期末書面報告兩部分。期中書面報告是實務專題製作過程前半段的一個成果展現,由指導老師根據專題的進行程度及同學對專題的瞭解程度給予評分。期中報告成績與平常考核成績共同決定實務專題上學期的總成績,各組成員必須在通過上學期的考核之後,才可繼續實務專題的後半部分。如果上學期成績不及格(60分),該小組成員必須等到下一個學年度才得以重修「實務專題」這個課程。期末書面報告為實務專題製作最主要的成果,各組應於下學期期中考前兩週,提出期末書面報告初稿予指導老師,由指導老師審核是否可進行口頭報告,若不通過,則需依指導修正後重新再提審。正式的期末書面報告必須於口頭報告後,依據評審委員之建議加以修正後,由指導老師及評審委員簽核同意專題評審委員審定書之後,整個實務專題製作的工作才算完成。

◆口頭報告

　　口頭報告提供學生與老師一個雙向溝通的機會，也訓練同學臨場的表達能力。在期末書面報告初稿通過審核後，同學需於規定時間內依規定時間安排進行口試，將其製作的過程及成果以重點方式提出口頭報告及回答評審委員提出之問題。各組評審委員根據該小組對專題內容的理解程度、資料整理力、口語表達與應變能力，以及綜整能力等項目進行評量。

專欄　研究信效度與關係

一、信度的意義

　　所謂信度是衡量沒有誤差的程度，也是測驗結果的一致性程度，信度是以衡量的變異理論為基礎。

二、效度的意義

　　所謂效度是指衡量的工具是否能真正衡量到研究者想要衡量的問題。

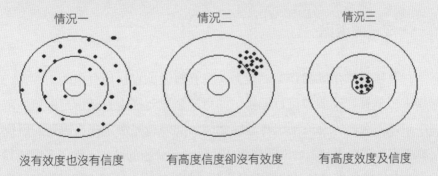

資料來源：Duane Davis (2004). *Business Research for Decision Making* (sixth edition), p.188.

圖3-2　信度和效度關係

三、信度和效度及其影響因素之關係

情況一，彈痕分散於靶內各處，並無一致性可言，以衡量的術語來說即是無信度無效度。

情況二，雖然彈痕很集中，即具有一致性，但是並沒有在靶中心，以衡量的觀點來看，則是有信度無效度。

情況三，才是好的衡量，同時具有效度及信度。

🚌 第二節　實務專題論文製作的開始

本節進一步說明第一節實務專題論文製作，開始階段包括選擇成員、選擇題目及選擇指導老師等工作，這些工作看似簡單，卻不容忽視，因為他們對一份專題的成敗有決定性的影響，絕對不得草率，敷衍了事。本節將就實務專題開始階段的各項工作及所應注意的事項，提出討論，以供參考。

一、成員的選擇

為培養學生團體作業的能力，實務專題課程採用分組的方式進行，學生可依喜好及興趣自行編組，亦可於需要時經由教師指定編組，每一小組以五至六人為原則。專題開始時，同學須先決定未來專題的研究領域，然後選擇志同道合的同學組成小組。在分組的時候，除了考慮成員是否有共同的興趣之外，也需考慮小組成員的能力。一般來說，組員之間有互補的專長遠比有相同的專長來得好。例如：在從事一項商務網站建置的專題中，若組員中同時擁有行銷、商品企劃、網頁設計、電腦繪圖及架設網站等專長，就比同時只具有網頁設計或架設網站專長的組合為佳。可是

多數同學在分組時，往往忽略了這一點，以至於每一位組員均擁有相同的專長，而有些重要的工作卻無人能夠勝任。因此，各組在成立之時，應特別注意組員專長的多元性，才能使專題順利進行。

由於分組的方式與未來專題製作進行的成效及品質關係密切，故同學在選擇小組夥伴時應謹慎。若小組在正式成立之前組員間能妥善溝通，並將工作預先做一粗略性的分配之後才成立小組的話，日後所發生的問題會遠比草率分組來得少。一旦小組成員確定後，各小組即可正式成立，並且開始進行下個階段的工作。

二、題目的選擇

題目的選擇是實務專題製作過程中一項重要的工作，題目適當與未來整個實務專題的成敗有關。而在決定專題題目時，所需考慮的因素除了興趣之外，也需衡量自己的能力及資料取得的難易度，否則選擇了一個不適當的題目將會造成製作過程中困難重重。

(一)題目的產生方式

一般而言，學生可依據下列三種方式產實務專題的題目：

1. 老師指定：老師可依本身之專長及衡量學生之程度指定題目。由於老師無論在專業知識上或經驗上都比學生豐富，直接由老師指定題目是一種最為迅速的方式，唯對同學來說，完全由老師決定題目較缺乏挑戰性，也失去了一個學習的機會。

2. 學生選定：同學可試著從相關學科的論文或書籍、一般的報章雜誌、生活的實際體驗或者由參與學術演講之中找尋靈感，由當中發現一些問題或者現象，然後選擇具有興趣或專長的題目作為專題。由同學自己選定題目是一種最具挑戰性的方式，不但可讓同學在嘗

試錯誤中學習，也更能達到訓練的目的。但由於同學缺乏經驗，所耗費的時間通常比較長。

3. 由學生與老師共同商定：老師可提供一個方向供學生參考，由學生思考題目後再與老師共同商討決定專題題目。採用這種方式來決定題目，可同時解決以上兩種方式的缺點，不但同學有自由發揮的空間，也不至於影響專題的進度。所以，建議同學可與老師商討，共同決定題目。

(二)題目的類型

在第一章中，我們已經對「實務專題」詳細的介紹，相信同學已有了認識。實務專題所強調的是一種實務性問題的分析、理論的應用以及解決方案的提出。

由於題目的選擇非常重要，所以除了應瞭解如何選擇題目之外，在選擇題目時，有些原則也是值得特別注意的：

1. 題目應寬廣深淺適中：選擇題目時，應將題目盡量界定在某一特定的問題或事實上作探討，避免題目過於廣泛。如此找尋資料比較容易，製作過程也比較有參與感，所完成的報告也比較有深度與價值。

2. 要衡量自己及小組成員的能力：除了考慮興趣外，勿因理想太高而選擇了一個能力所不及的題目，以致造成製作過程中強烈的挫折感，不但興趣盡失，甚至無法完成專題。所以選擇題目時，應考慮組員的時間及能力。

3. 要考慮資料取得的難易度：資料的取得在專題的進行中占有舉足輕重的地位，有些專題立意雖佳，然資料取得困難，如果選擇此類專題，將增加製作的困難。

4.題目要切合實際且為產業或社會所需：以目前產業或社會所面臨的現象或問題為題材進行研究，不但符合社會所需，對未來之就業也有幫助。這也就是實務專題課程設計的主要目標。

三、指導老師的選擇

在從事實務專題製作時，同學常因理論基礎不夠紮實或者經驗不足，而不曉得該如何著手；在進行的過程當中，也無可避免的會遇到一些自己無法解決的問題，此時，指導老師的角色就顯得非常重要。指導老師能在同學最需要的時刻，適時提供必要的協助，解決同學們的難題，或者提供解決問題的方向。大體上來說，在一份專題的製作過程中，指導老師可提供的功能包含以下各項：

1.協助小組依其研究興趣與程度訂定實務專題製作的題目。
2.協助小組依各成員的專長做適當的工作分配。
3.提供小組資料蒐集的方向。
4.定期參與學生的研討，以解決學生的問題或提供解決問題的方向。
5.隨時掌握專題製作的進行，以確保專題製作的內容無偏離主題的情形。
6.控制專題製作的進度，並瞭解學生參與的狀況。
7.學習成就評量。

指導老師可分為指導老師（advisor）及共同指導老師（co-advisor），各組在決定專題製作的領域之後，可參考系上專任教師之專長，依教師所長邀請指導老師。專題製作的進行中，若發現有其他的需要是指導老師無法提供者，同學亦可徵求指導老師的同意，邀請兼任教師、他系科教師或業界之專業經理人為共同指導老師，以提供必要的協

助。

　　專題各小組應在大三下學期結束前，尋找與主題相關領域的老師擔任指導老師，但必須徵求該位老師的同意，並請願意指導之老師簽核「同意指導書」，始得決定。由於老師指導學生進行專題製作，常需花費許多時間，在考慮每位老師的負擔以及師資狀況之後，原則上每位老師指導的小組不宜過多。

 ## 第三節　實務專題製作的進行

　　實務專題製作的實施目的在於驗證及應用所學之專業知識，培養學生處理專業問題之能力、訓練學生技術或研究報告之撰寫能力、訓練啟發學生獨立思考及團隊合作之潛能。以下將針對相關資料蒐集與處理、工作進度表的擬定及平時與指導老師之互動等部分加以解說，至於專題撰寫的細則，請參照第四章將有詳細說明。

一、相關資料蒐集與處理

　　題目確認之後，就是要進行相關資訊之蒐集，並整理出對專題撰寫有幫助的文獻，本節將提供一些參考文獻的來源，同學要用心與花心思去蒐集，對將來文章的充實度也比較有說服力。

　　1.中外文圖書、期刊、報紙。

　　2.國內博、碩士論文、學報。

　　3.政府出版品、研究報告、會議論文。

　　4.電子資源（中文資料庫、西文資料庫、電子期刊）。以國家圖書館
　　　為例（http://www2.ncl.edu.tw/），其提供的服務有：

華文知識入口網	政府文獻資訊網	電子資源
國家圖書館館藏目錄系統	全國圖書書目資訊網	資圖資訊網
全國新書資訊網	台灣記憶系統	公共圖書館共用資料庫
台灣概覽系統	遠距學園	當代文學史料系統
期刊文獻資訊網	全國博碩士論文資訊網	古籍文獻資訊網
遠距圖書服務系統	漢學研究資訊網	新書選購資訊網
走讀台灣	視訊隨選	國家典藏數位化計畫

這些都是很棒的資源，同學除了可以在學校圖書館查詢，也可以經由館際合作，免費借到他館的書，或是經由線上館際合作系統（http://ill.stic.gov.tw）來申請全國的圖書資料等資源。

整理相關文獻的步驟為：(1)蒐集；(2)個人篩選過濾；(3)小組篩選過濾；(4)指導老師審閱；(5)資料最後整理。

個人先找出與主題相近的文獻，再小組交換心得，最後取得指導老師認可，這樣就算完成資料整理的動作。

二、工作進度表的擬定

規劃是管理最基本的第一要件，所以工作進度表的擬定，是專題進度掌握的最基本步驟，一般來說是以甘特圖來表示。以專題一年的學習過程我們會有以下的時間規劃（圖3-2）：

6月問題確認，7～8月為蒐集資料，9月方法確認，10～12月實作或調查，第二年1～2月進行分析且作結論，3～4月修正及審核，5月報告完成。以上僅供參考，實際工作項目及時程應由視各專題情況決定。

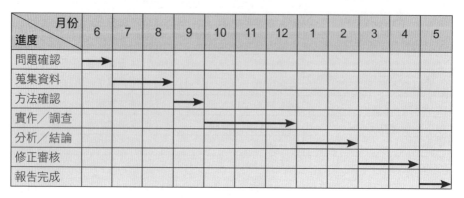

月份\進度	6	7	8	9	10	11	12	1	2	3	4	5
問題確認	→											
蒐集資料		→										
方法確認				→								
實作／調查					→							
分析／結論							→					
修正審核									→			
報告完成												→

圖3-2　甘特圖示例

三、平時與指導老師的互動

專題指導老師得與各組學生約定共同討論有關專題進行之相關問題，必要時可另外排定時間，就各組特別疑難，進行研討以提供解決的方向。

專題小組應自行推選一人擔任小組長，並主動與指導老師保持定期聯絡，在與指導老師開會前，應該先進行小組會議，把要開會的內容先寄或印一份資料給指導老師，讓老師可以事先知道小組的進度與發現問題，時間上需雙方都適當的時段進行討論，以免匆促間無法達成共識。每位同學在進行專題中若有任何疑問，皆可請教老師，指導老師皆會樂意幫忙問題之處理與建議，所以同學要有尊敬、禮貌、虛心學習的心態，老師也將會傳授最多的寶藏給大家。

四、期末報告內容與格式

實務專題包含期中及期末兩份書面報告，各組於修課第一學期期末考前一週要提出一份期中報告，將已完成部分及未完成部分一一加以說

明，且將所遇到的困難提出，以利專題的製作並記錄預期結果及進度控制等。因各組進度不同，不另外開闢專章說明期中書面報告內容與格式，而由各組專題指導老師規定。繕寫格式可參考「期末書面報告」。

(一)期末書面報告

期末書面報告的部分經評審審核通過後，須根據評審委員所提出的建議進行修正，於離校手續完成前一週繳交三份正式期末書面報告及一份Word檔到系辦公室。專題製作之格式，請參閱下列要項：

1.紙張尺寸：以A4（21cm×29.7cm）為限，單面列印。頁面左面3cm，上下右面各2.5cm。

2.頁碼：一律置中列印於頁尾。

3.論文本文：

(1)章節編號：章次使用第一章、第二章等中文編號，章節段落編號則配合使用第一章、第一節、一、(一)等層次順序之編號。

範例：

第二章　文獻探討

第一節　國際觀光旅館特性

　　　　一、產品的不可儲存及高廢棄性

　　　　二、短期供給無彈性

　　　　三、資本密集且固定成本高

　　　　四、經營技術易被模仿

　　　　五、需求的波動性

第二節　服務態度之內服務態度的定義涵與相關研究

　　　　一、服務態度的定義

　　　　二、服務態度的相關研究

　　　　第三節　顧客滿意度之內涵與相關研究

　　　　　　一、顧客滿意度內涵

　　　　　　二、旅館顧客滿意度之相關研究

　(2)章節名稱及段落層次：

　　• 章次、章名稱位於打字版面頂端中央處。

　　• 節次均自版面左端排起，各位移2位元後，繕排名稱。

　　• 小節次均自版面左端排起，各位移2位元後，繕排名稱。

　　• 段次均自版面左端排起，各位移2位元後，繕排名稱。

　　　（註：第一章：章次；第一節：節次；一、：小節次；(一)：
　　　段次）

　(3)字體：

　　• 標題部分：每章標題為「標楷體」16pt字，每節標題為「標楷
　　　體」14pt字。

　　• 內文部分：中文部分，字體為「標楷體」12pt字，英文部分，
　　　字體為「Times New Roman」12pt字，並使用雷射印表機輸
　　　出。本文與章次名稱間應「兩倍行高」，內文本身為「1.5倍行
　　　高」，排列為左右對齊，節次間也空一行。

4.圖表標號：全文中所用之圖均以「圖」編號（例如：圖2、圖3），
　及定標題於圖的下方，並置中對齊。表請勿跨頁，並以「表」編
　號，及定標題於表上方，並置中對齊。

5.專題論文份數：專題論文應裝訂成冊並繳交完全相同之成果報告
　三本，並於裝訂正面（書背）印上校名、系名稱、題目名稱及完
　成日期。例如：「XXX科技大學休閒產業管理系○○○○○X級X
　班」。

(二)專題論文內容次序

1.封面：封面格式。

2.專題評審委員審定書：專題小組於口頭報告後，並於專題錯誤修正後，自行製作審定書給評審委員及系主任簽證後，影印數份作為每份期末書面報告的首頁。

3.摘要：係將整個報告或論文架構用最精簡的方式表達出來，幫助讀者能快速瞭解全文內容之概要。一般而言，以不超過600字為宜。

4.致謝詞：致謝通常以簡短文字，陳述作者在研究期間，對該專題完成具有相關貢獻的人或機構表示謝意。

5.目錄：目錄格式。

6.表目錄：表目錄格式。

7.圖目錄：圖目錄格式。

(三)論文主體

主體係構成整個專題製作報告的最重要部分，有關的理論與事實論據，都在這一部分提出。專題所獲得的結果與心得，都要經由此部分系統化與組織化以合理、簡明及連貫的方式發揮出來。可依照指導老師的規定或參考下列專題正文之架構。

論文主體包含緒論、文獻探討、研究設計與實施、研究結果分析與討論、結論與建議、參考文獻、學術倫理及附錄等，簡述如下：

1.緒論：讓讀者瞭解寫作的原由。包含研究問題的性質、動機、目的、問題、專有名詞詮釋、研究範圍與限制。研究範圍包括：研究對象、研究時間、研究區域、研究變項等方面。研究限制包括：研究工具、研究時間、研究地區、研究變項以及研究結果的推論方面。

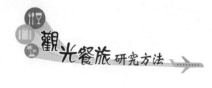

2.文獻探討：對文獻資料作整理、歸納、分析、批判，而非將所蒐集到的文獻全部陳列出來而已。凡引用他人作品，一定要寫出完整資料，並寫明「引自……」（或轉引自……）。專有名詞第一次出現時可附上外文，一般常見名詞，不必附上外文。外國人姓名不必譯成中文。引用圖或表，應在下方註明資料來源。與研究題目無多大關聯的文獻，不要寫。文獻分為主要資料與次要資料，主要資料＝第一手資料＝直接資料＝原始資料：由原作者報導自己的研究發現；次要資料＝第二手資料：間接從他人的論著中，看到其報導原作者的作品。第二手資料不如第一手資料的真實可靠。假如文獻是第二手或更多手資料，轉述的次數愈多，臆測成分愈大，資料真實性受到扭曲的程度愈高，可信度也愈低。參考資料的引用應注意事項，如直接引用與間接引用，簡述如下：

(1)在本文中引述的參考文獻應列在「引註資料與參考文獻中」。

(2)引用：

* 直接引用：一字不漏的將他人的內容照抄，最多不得超過40個字。引用時要以引號（「 」）框住引用內容。

* 間接引用：引用字數在40～300字之間，要將引用的詞句縮排成塊狀，並註明頁數。超過300個字要得到作著的書面同意。

3.研究設計與實施：

(1)研究架構，為整個研究之藍圖，以箭頭標明變項之間的關係。

(2)研究對象或樣本設計與抽樣方法。

(3)研究工具之編製或修訂，說明研究工具如何取得，如使用他人工具，應附上同意書。

(4)實施程序，流程圖（**圖3-3**）。

(5)資料處理與分析，如為量化研究則需要檢測測量工具的信度與效度，如利用問卷，測量學生的學習成效，故測量的工具與測

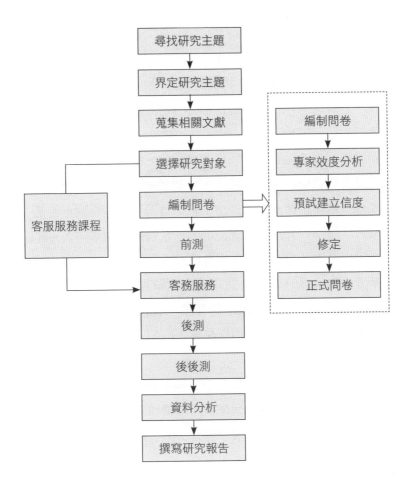

圖3-3　研究步驟

量方式是否能測量出學生真正的學習成效，其問卷的效度與測量時的效度就非常重要；又如係質的研究，應說明如何將訪談資料轉成逐字稿、編碼、分類與分析等就很重要。因為不管是量化或質化研究，若其研究過程不具信效度，那麼其研究結果也就是無意了。因此，學生花那麼多時間去思考問題與文獻蒐集等，但因其研究不具信效度，其研究等於做白工。因此，研

究的信效度很重要。

4. 研究結果分析與討論：針對第一章之研究問題，將每一個研究問題的研究發現寫成一節。將資料處理分析所得到的結果，客觀、嚴謹、忠實地呈現出來，並作綜合分析與討論——討論最能看出研究者學術研究的功力。

5. 結論與建議：結論並非將研究發現逐一陳列而已，也不宜再出現他人見解或表格、數字等資料。宜簡明扼要，針對研究問題作價值判斷或推論。根據結論，提出中肯、具體可行的建議，包括：研究的缺失、後續研究尚可考慮的因素，或將哪些因素納入。建議部分不宜提出某學者觀點，以免成為他人建議。

6. 參考文獻：凡在本文中使用的文獻資料，都必須詳細列出參考文獻。假如參考文獻全部都是書籍，而且沒有期刊、雜誌等，可改為參考書目。宜採APA最新格式。例如王文科（1990）。教育研究法。台北市：五南。

7. 學術倫理：從事研究工作，不但要合乎科學，同時要具有專業的倫理道德。不重視倫理的研究者，即使研究做得再好，也會失去研究的意義和價值，嚴重者可能觸犯法律、惹上官司。

(1) 研究者與受試者的倫理1

 • 研究過程應確保受試者身心安全，不侵犯個人隱私權。讓受試者瞭解研究目的與程序，徵得其同意之後始可進行研究。

 • 尊重受試者的個人意願，允許其隨時退出研究。如果為了取得真實研究資料，必須隱瞞、欺騙或偽裝時，在研究結束後，應儘速向受試者說明原因。

(2) 研究者與受試者的倫理2

 • 研究過程中所蒐集受試者的個人資料，應確實保密並妥善保管，不得將其個人資料公開或提供他人使用。

- 受試者若是兒童，須先徵得家長、監護人或教師的同意。
- 研究結束後，應告知受試者有關研究內容，澄清其誤解。

(3)研究者與其他研究人員的倫理

- 與他人共同合作的研究，應如期完成。
- 其他研究者要借閱，應將研究借人參閱。
- 樂於將研究工具提供其他研究者採用。
- 撰寫研究著作時，宜提供後續研究建議。
- 他人從事研究過程中有疑難問題時，研究者應就自己能力範圍樂於提供協助。

8.附錄：凡不在論文或研究報告的各種資料，均可在附錄中陳列出來。最常見的資料有問卷、函件、訪談紀錄、會議紀錄、統計資料、協助研究之人員或機構。

(四)參考資料

1.參考書目：專題內文與文末引用文獻（references）的書寫，目前很多學校依據APA（American Psychological Association）格式撰寫。因此，對於APA的格式，學生要瞭解。
2.附錄：正文中所蒐集到的原始資料或研究分析整理出來的各種文件資料，如果列入正文會過於冗長，可以列入附錄部分。

五、口頭報告部分

專題製作除了書面報告外，口頭報告也是很重要的一項。口頭報告應力求簡潔扼要、抓住重點，以吸引聽者的興趣和注意。所以，若將書面報告的內容按字宣讀，實為不智之舉。為了達到溝通的目的，使聽者獲得完整清晰之概念，應將報告重新整理，並配合投影片或各種圖表解說。報

告時間以不超過十五分鐘為宜，可輪流上台報告或由一人代表，問題討論約十五分鐘，全部流程不超過三十分鐘。

(一)口頭報告的內容

1.介紹小組成員及其所擔負任務之說明。

2.主題簡介：此為一簡短的陳述，內容應該直接觸及問題，引起聽者的注意，並說明研究背景、動機與目的。

3.研究方法：說明本專題的研究範圍和方法，並闡述解決問題的方法。

4.發現與貢獻：應先就此專題的發現或結果簡要說明，並提出專題研究結果的成果貢獻。

(二)投影片製作

投影片已成為報告的必備工具，它可以表達難以有效溝通的主題。例如：將各種統計資料製成圖表，利用投影片就可以表達得清晰明瞭。投影片可採用「PowerPoint電腦軟體」進行製作與放映，其次，在投影片的使用上有下列幾項原則：

1.設計與製片方面：(1)每片均附有標題；(2)每片的要點與文字不要過多，僅寫大綱，以便一目了然；(3)避免過多的插圖，而使報告主題失去焦點；(4)以符號、橫線或色彩指出重點；(5)每片的要點與文字不要過多；(6)文字大小應適中，避免選擇太小的字體。

2.放映方面：(1)確保放映順序流暢，沒有倒置情形；(2)報告前應先準備好投影機，並事先測試其運作狀況是否正常；(3)放映時間適當，並與講者的說明內容相互搭配。

(三)口頭報告其他應注意事項

1. 報告資料要準備充分並影印給每位評審委員一份，方便其查閱或評分。

2. 有效利用視聽器材。

3. 上台報告前應至少練習三次，找出未著重點及時間控制不當的情形，以便屆時能不照本宣科，仍能闡述清楚。

4. 字句之間要避免加上「啊」、「嗯」、「OK」等這類「補白」。

5. 報告時要發揮團隊精神，穿著得宜。

6. 音量速度應抑揚頓挫，避免聲調過於單調。

六、審核與成績

1. 專題計劃書必須於期末一個月前提出，並接受專題老師、課程委員及本系另一位老師共同審核，審核時採公開的方式進行，審核時間以一小時為原則。於期末考前審核完畢，並於一週內將成績送至系辦公室，以利成績之登錄與確認。

2. 第二學期期末審核，由指導老師依專題性質，邀請至少二位老師組成評審小組共同審核，得聘用校外之專家學者。

3. 第二學期期末審核應經評審小組全體老師同意簽名後通過，未通過者，得經指導老師同意後，參與複審。

4. 第二學期期末審核通過者，個人成績由指導老師以審核成績為基礎，得加減10分。

5. 複審時，評審小組得就個別表現，決定個人通過或不通過，不通過者應隨班重修。

6. 複審通過者，審核成績以60分計算，期末個人成績由指導老師酌予

　　加分。但最高不得超過70分。

7. 專題評審場地之準備以簡單、清潔為原則，毋須花俏。除非誤餐時
　　間才需準備餐點。

 ## 第四節　角色扮演

一、腳本

　　兩位學生參與這角色扮演，可以在教室外或者在教室內練習。一位
同學扮演A學生，另一位扮演B學生。請讀下面的劇本並選擇你自己的腳
本。

　　A學生：老師說在研究的第一章要我們思考研究問題？是什麼意思？

　　B學生：論文的主要聚焦於研究問題。第一章首重研究問題的探討與
　　　　　　發展。一旦研究問題搞定後，後面就比較容易處理了。總而
　　　　　　言之，開始你的研究問題吧……

　　繼續延伸思考……

　　A學生：我真的不清楚「核心」這個概念，什麼是核心呢？什麼是非
　　　　　　核心呢？

　　B學生：讓我們一次回答一個問題，核心部分由哪些組成的呢？……

　　繼續延伸思考……

　　A學生：問題的陳述、子問題和研究問題之間似乎有很強的相關聯。
　　　　　　它們是如何相互關聯又如何互相依賴？如果事實上他們是相
　　　　　　互依存的呢？

　　B學生：你精準觀察到它們的相互關係。是的，它們是相互關聯的。
　　　　　　也許它們兩是最有相互關係……

二、研究問題／問題的陳述／次要問題

第一章組成有三個部分：(1)研究問題；(2)問題的陳述；(3)三個次要問題。請回答下面的問題：

1.研究問題：
2.問題的陳述：
3.三個次要問題：
  (1)第一個次要問題：
  (2)第二個次要問題：
  (3)第三個次要問題：

三、請舉例三個假說

請回答下面的問題及三個假說：
研究問題：

1.第一個假說：
2.第二個假說：
3.第三個假說：

四、請舉例四個研究限制

請回答下面的問題及四個研究限制：
研究問題：

1.第一個研究限制：
2.第二個研究限制：

3.第三個研究限制：

4.第四個研究限制：

 貼心叮嚀

　　首先要謹記在心的事是，寫作並非成竹在胸，把已經在心中想好、很完整的東西，如實地再現；相反地，寫作本身就是一種思考與分析。只有真的下筆寫出來，才真的瞭解自己到底懂多少，期間是否有破綻、有沒有矛盾不清楚之處。因此，絕對不要等到分析架構都很完整的時候才開始動筆寫。否則我覺得這樣寫好像不對，那樣寫好像不夠完整，又怕將來萬一分析架構修改了，會不會以前寫的就白寫了，如果有這樣的顧慮，其結果往往是困在那裡，遲遲無法動筆，寫作永遠不會嫌太早。

　　論文寫作是長期抗戰，需要為自己營造一個舒適的寫作環境，包括時間與空間。這個空間可能是自己的房間、研究室、圖書館的特定角落、某家咖啡館，端視個人的寫作習慣與要求而定。至於時間，最好規定自己每天要寫幾頁或幾千字之類的。論文有些部分好寫（整理參考書目、描述研究方法、計畫書的文獻回顧改寫，可以一下就好幾頁），有的部分比較難寫（像是資料分析、結論，有時可能坐在書桌前好幾個小時就是寫不出幾個字），可以交叉應用，當自己狀況很好的時候，就思考比較困難的部分；反之，則整理一些比較制式性的資料，不要先把好寫的寫完，然後每天一起床就要面對最困難的部分。

　　寫論文寫到一定程度，每天對論文魂牽夢繫，常會睡不著，一直思考著內容。建議盡量不要在上床之後，躺著時還想著論文該怎麼寫，或者明天還有哪些事情要做，讓你腦子空白或聽柔和的音樂，讓自己儘快進入夢鄉。這建議有時很難，因有時會從夢中驚醒，似乎夢到困擾已久的難題有解，趕快起床振筆疾書（畢恆達，2005）。

Chapter 4

量化研究方法

　　本章實務專題製作學生可選擇以量化研究為主，本章主要以第二章文獻回顧質化與量化研究的定義及架構等，進一步以量化研究實例說明量化研究。本章節包括量化研究撰寫的原則與方向、量化研究之範例、研究結果討論與建議，以及角色扮演。

第一節　量化研究撰寫的原則與方向

　　本小節包含論文撰寫的原則與方向、如何蒐集資料、如何擬定適當的題目、研究題目的方向及選定研究題目的原則，說明如下：

一、量化研究撰寫的原則

　　研究報告撰寫的基本原則為架構清楚、邏輯合理、忠實客觀、文字簡潔、符合慣例等原則，簡述如下：

(一)架構清楚

　　各章節的層次分明，按緒論、文獻探討、研究方法、結果與討論、結論與建議的順序呈現。各章節也要有條理的將其內容陳述，如研究方法呈現研究對象、研究程序、研究設計、資料處理等。各章節均有清楚的標題。各章節的比重應作適當的調整，使其達到均衡。論文中的各個章節都有其必要性，因此不能過分強調某個章節而忽略其他部分章節。

(二)邏輯合理

　　1.研究的重要變項都會在名詞解釋裡加以界定，之後所有涉及該變項的名稱都應保持一致。

2.研究目的是論文的源頭，研究問題、研究假設和資料處理則是隨之逐漸引導出來的，應相互呼應，前後連貫。

3.文獻探討和所研究的變項應有所關聯，而不是塞一些無用的資料。

(三)忠實客觀

1.文獻探討應忠實呈現正反面資料，不能只引用自己喜好的資料或斷章取義。

2.研究中出現的問題，應提出來討論，不能故意隱瞞。研究結果應客觀陳述，不管有無支持研究假設都應忠實報導。不能因某些結果不理想就故意刪除，或更改研究數據結果及引用他人著作未註明出處（學術倫理），這是有違研究倫理的。

(四)文字簡潔

1.避免誇大或過於華麗的用語，有幾分結果說幾分話，研究論文有別於小說或其他文學作品，不宜用感性或太主觀的字眼來撰寫。

2.引用其他學者的研究結果時，僅提其姓名和年代即可，如郭春敏（2017），不必加其職銜或其他的稱謂（如博士、教授、部長等）。在學術研究領域裡，引用資料只是一項中性的、事實的陳述，並不涉及禮教問題。

3.引用外國學者的研究，直接用其英文的姓名和年代，如Chun-Min Kuo（2018），不必翻譯成中文。亦避免使用流行的俚語，如「帥呆了」、「酷斃了」。

(五)符合慣例

1.各個領域都有慣用的撰寫方式，因此應該用該領域最常使用的方式來撰寫。

2.圖表的呈現應標示編號,圖的標題應標示在圖的下方,表的標題則在表的上方。

3.研究者提及自己的觀點,應自稱「研究者」、「實驗者」或「筆者」,而不用「我」字眼。

二、如何蒐集資料

美國參議員葛倫名言「如果抄襲一個人的作品,是剽竊;抄襲十個人的作品,是做研究工作;抄襲一百個人的作品就成為學者」。李振清認為「參考資料的功能,是用以支持、印證研究者的基本論點」。這裡的「抄襲」是指參考的資料的「蒐集、引用」與「再創造」。直抄一篇文章的人是笨伯;摘錄許多人的文章,寫成一篇文章,不註明出處的是文抄公;能夠註明來源的就是研究。

資料蒐集是論文的靈魂,大致分為三大類,如資料蒐集的來源、途徑及資料鑑定原則,簡述如下:

(一)資料的來源

資料蒐集應求其廣博確實,圖書館與電子資料庫,是資料來源最豐富的地方。

(二)蒐集資料的途徑

向各行各業的學者專家請教;訪問、問卷、實驗、測量或統計得來的資料;閱讀期刊、專門索引、百科全書、博碩士論文、書評、手冊、報紙等。

(三)資料鑑定四原則

區別原始資料和第二手資料原則如下：

1. 原始資料包括原作之原始手稿、日記、信函、訪問談話的原始紀錄、實驗報告等。第二手資料是對原始作品所作之分析、評論、詮釋等。
2. 客觀性：檢視原作者討論某問題的觀點是否客觀公正？是否有偏見？
3. 作者的知名度：可從其學經歷或職位，看出是否有資格從事該研究。
4. 等級：可從文中措辭、內容複雜性及所需的背景知識而定。

三、如何擬定適當的題目

寫過論文的人大多會說「選題難」。選擇題目可以從下列幾方面著手：

(一)先擬定一個自己有興趣的題目

因為研究者瀏覽群書、蒐集資料、整理分析到撰寫論文，都需要興趣，方能達到事半功倍之效，而研究的衝刺力才會歷久不衰。

(二)儘量縮小題目研究範圍

通常學生喜歡從大題著手，但閱讀一些前人文獻之後，發現資料太多不易細讀，才選定某一個問題的某一層面，或選擇某種研究的觀點，縮小題目範圍。因題目小，較易蒐集資料，觀念較易集中，精華較易摘取，往往可以深入問題中心，而不流於膚淺，研究者才有可能有個人的創

見或新發現。

(三)進行文獻探討，瞭解是否已有前人做過類似研究

研究者必須探討前人的文獻，瞭解哪些研究已有圓滿的答案？哪些是細微末節的小問題？哪些問題太空泛，目前不適合研究？哪些問題仍然眾說紛紜？研究者藉此觸類旁通，發現一些靈感。

(四)多問問題

探討相關文獻時，不妨多問「這個問題有無再研究的必要？有無重新研究的可能？若進一步研究，又有多大的益處？」。在探討的過程中，所思考的問題會隨著修正，所擬定的題目也隨之縮小成特殊性題目，直到找到合適的研究題目為止。

(五)提出假設

即對所研究的問題提供可能有創意的答案。最基本的理由就是，一篇有價值的論文，並非只是綜合以往的相關文獻作摘要式的概述，而無新的創意。

四、研究題目的方向

(一)選定依據個人經驗

閱讀某學者的理論、思想，研究者應有求證精神，產生質疑，逐漸形成研究問題，進行研究來印證或推翻他們的觀點，個人實際工作經驗中所接觸到的問題，見仁見智，皆值得深入去探討。從聽演講所得到的心得或靈感，來思索可能的研究題目。

(二)針對當前的問題

平時從報章雜誌、書籍與視聽媒體,可以發現社會大眾所關心的問題,有些頗具爭議性,有些問題很少人研究,有些主題雖有人研究,所得結果卻大不相同,這些問題都值得進行研究。可以思索當前社會存在哪些缺失有待改進的議題,從中尋找自己有興趣的研究題目。

(三)從各種理論中去探索

每一個理論各有其研究對象、時空背景的限制。理論的論點是否迄今仍然屹立不搖,也可以加以探究。或者,更換研究對象,就可以成為新的研究題目。

(四)由文獻中去找尋

前人做過的研究,都可作為尋找研究題目的參考文獻。找到與自己能力、興趣相符合的文獻就詳加閱讀,從中獲得研究靈感。許多研究者都會在論文最後,提出值得進一步研究的建議,從這些建議去思考是否有適合自己研究的問題,形成研究題目。

(五)重複他人做過的研究

重複他人做過的研究有其優點,如可以驗證別人研究發現的真偽。研究對象不同,查核可否應用到其他母群。研究時間不同,可重複檢驗研究發現。文獻資料多,進行研究容易被認為有抄襲之嫌。優點為比較方便;其缺點為題目缺乏創意,要突破別人的研究發現並不容易。

(六)修改他人的研究題目

初學研究者,在選擇研究題目時,比較簡便的方法就是局部修改前

人的研究題目，不但節省時間，而且相關的文獻大都齊備，所以初學研究者頗值得一試。

(七)向學者專家請益

如果研究者要進行某一個專題研究，但自己欠缺研究經驗，找不到合適的研究題目，可以請學者專家指點迷津，使自己的思路清晰，研究方向正確，知道找題目的要領。

五、選定研究題目的原則

(一)符合自己的能力

從事研究應量力而為，最好具備多方面的能力，如學科背景知識、外文能力、研究設計、統計分析與資料處理等能力。選擇研究題目時，不要只因為自己對題目有興趣就貿然進行，如果自己的能力不足，易使研究事倍功半，甚至半途而廢。

(二)配合自己的興趣

若研究者所選擇的題目與自己的興趣相符合，在研究過程中即使遇到困難，也會努力去完成。反之，假如對研究題目沒有興趣，即使自己有能力去完成，在研究過程中很容易產生枯燥無味的心理，因而缺乏研究的動力，致使研究停頓下來。

(三)具有學理上的依據

研究題目不宜空泛或不切實際，假如不必研究也可以得到明確答案的研究問題，或是再怎麼研究也無法解答的研究問題，這種題目缺乏學術

上的理論基礎，比較沒有研究的價值。質言之，研究應具有學理上的依據。

(四)範圍大小適中

假如研究範圍太大，文獻繁多不易蒐集齊全，不容易整理分析與深入探討。太大的題目要投入相當多的人力、物力、時間，也不一定能夠順利完成。反之，研究範圍太小的題目，只研究一些細微末節的小問題，貢獻度不大。

(五)具體可行

研究題目的可行性，應考慮研究題目是否太玄虛抽象？文獻蒐集、閱讀、分析有無困難？研究對象是否願意合作？是否能順利進行？研究工具取得、修訂或編製是否有困難？研究所需的人力、物力、時間、儀器設備等是否足夠？

(六)具有研究的價值和意義

研究問題的重要性涉及價值判斷，見仁見智，可從幾個方向來思考：爭議性的問題（如設置觀光賭場問題）、普遍存在的問題（如觀光對地區的影響與衝擊）、特殊性問題（如新住民的教育問題）、比較性問題（如城鄉地區學童學習態度之比較）。

(七)合乎專業倫理道德

研究題目應考慮是否違背專業倫理道德、違反人性或侵犯人權。凡是研究會傷害受試者身心健康、侵犯隱私者，均不宜進行研究。換言之，研究者應具有專業倫理與道德。

專欄　量化研究優缺點

針對量化研究的研究核心、研究焦點、研究特性及研究方法摘述如下：

一、研究核心

- 量化研究：係描述一社會現象是如何普及的，通常會透過理論方式來呈現。
- 優點：理論可呈現普遍性現象。
- 缺點：無法得知現象內較為深度的資料。

二、研究焦點

- 量化研究：係回答一個「什麼」的問題，為了發現事實及測試理論評估隨著時間人口改變的程度，基於結構因素得到統計資料。
- 優點：理論可將現象呈現。
- 缺點：無法得知現象發生的深度因素。

三、研究特性

- 量化研究：表達局外人的觀點。
- 優點：理論可呈現局外人的觀點。
- 缺點：無法得知內部的人的觀點。

四、研究方法

- 量化研究：遵循一預設的工具、可複製、包含較廣的樣本、可量化母群的代表性、在相對短的時間可觸及較大的母群。
- 優點：量化母群的代表性。
- 缺點：無法呈現資料有較大的效力。

 第二節　量化研究之範例

本小節將包含緒論、研究問題與目的、文獻回顧、研究方法等，說明如下：

一、緒論

研究背景與動機

台灣休閒農業成於1990年公布實施「休閒農業區設置管理辦法」開始，使休閒農業成為農業政策主要重點。休閒農場開始備受重視之後，競爭環境也快速的形成，為因應環境的變化，業者需要做出獨樹一格的特色農場，讓自己不易在競爭的環境中被淘汰。

林豐瑞（2002）曾指出休閒農場資源特色不同，若欲在競爭激烈的休閒旅遊市場取得一定的競爭力，應認清自身有什麼資源特色，創造出同業或其他競爭者無法仿效的核心產品，同時確定及區別出相對競爭者的區隔市場，以滿足特定消費族群的需求作為訴求重點。

遊憩滿意度是遊客個人經驗活動之後的真實經驗，起源於個人與目的經驗後所產生的心理感覺與情感狀況，也就是說遊憩滿意度是遊客對遊憩歷程的整體評價（Bigne, Sanchez, & Sanchez, 2001）。同樣的，林淑卿（2007）則認為遊憩滿意度是遊客在體驗前的預期及體驗後所獲得價值而產生整體性的心理感受。爰此，休閒農場滿意度是在體驗休閒後的心理感受，休閒農場提供多樣化的遊憩體驗以滿足不同休閒遊憩偏好。瞭解遊客是否滿意休閒農場所提供設施與遊憩體驗，以提高遊客滿意度，儼然是休閒農場經營與生存發展的重要因素。

飛牛牧場原為中部青年酪農村於民國八十四年改名，牧場營業面積

約50公頃，經營面積（含牧草種植、乳牛養殖）約120公頃，目前飛牛牧場已成為中部地區強調自然生態的大眾化休閒牧場，提供遊客全方位的休閒生活服務，並針對學校戶外教學設計套裝行程，此外，在DIY體驗活動上也不斷推陳出新，飛牛牧場以生產、生活、生態與生命為主軸，針對喜愛牧場的目標社群，提供客製化、精緻化的產品與服務，以期創造遊客的終身價值、牧場的永續經營以及自然生態的保育復育三贏的目標。

　　而選擇台灣西部較具特色的飛牛牧場作為研究對象，其理念是讓遊客體驗牧場多樣且豐富的設施、產品與服務，並達到特殊的經營型態與遊憩價值，藉此研究牧場其特色、理念是否能在農場設施滿意度、遊憩體驗與整體滿意度產生顯著影響，希望本研究的結果可提供休閒農場相關人員及經營者未來活動設計與規劃之參考。

二、研究問題與目的

(一)研究問題

　　根據上述之研究背景與動機，本研究代答問題如下：

1.受訪遊客在休閒農場的設施滿意度與遊憩體驗上是否有顯著的相關性？
2.遊客對於設施滿意度是否對整體滿意度產生顯著影響？
3.遊客對於遊憩體驗後是否對整體滿意度產生顯著影響？

(二)研究目的

1.瞭解休閒農場的設施滿意度與遊憩體驗情形是否具顯著相關性。
2.瞭解遊客在設施滿意度對休閒農場整體滿意度產生顯著相關性。
3.瞭解遊客在遊憩體驗後對休閒農場整體滿意度產生顯著相關性。

4.研究結果以提供農場業者作為吸引遊客並改善農場設施、遊憩體驗
　服務之參考依據。

三、文獻回顧

　　本研究文獻部分主要內容為先解釋休閒農業與休閒農場之定義、遊
憩體驗及滿意度相關文獻探討，分別說明如下：

(一)休閒農業與休閒農場之定義

　　在台灣「休閒農業」的用詞最早提出是在1989年台灣大學農業推廣學
系所主辦的「發展休閒農業研討會」中，國內對於「休閒農業」的解釋眾
多，但大致上定義為以農業環境供人們從事休閒活動之場所及服務。休閒
農業所表現是農業自然環境資源結合農業生產、休閒生活、生態保育之
農業三生理念，且利用田園景觀、自然生態、環境資源，在自然環境保育
原則下，將農業生態及其生產主題與休閒遊憩觀光相結合的產業型態，以
提供遊客對於農業及農村的休閒體驗為目的，並提高休閒農場業者之效
益，促進農業發展。

　　休閒農場是範圍最廣的休閒農業類型，具有多樣化的農產品，主要生
產內容包括農作物栽培、牧畜飼養等。休閒農場依生產產品類別、旅遊內
容與遊客參與形式可分為：觀光果園、觀光茶園、觀光花園、觀光菜園、
市民農園；依農業經營可分為：農業經營、農業與休閒及休閒等三個類型
（邱湧忠，2000）；鄭健雄和陳昭郎（1996）依經營主體區分為：家庭農
場、公司農場、農會附設農場、公營農場、財團經營農場；若依資源利用
或保育目的作為區分依據，則可將台灣休閒農區分為四種不同類型：生態
體驗型農場、農業體驗型農場、度假農莊型農場及農村旅遊型農場。而休
閒農場也具有遊憩、教育、社會、經濟、環境保育和醫療等功能。

(二)遊憩體驗相關文獻探討

Driver和Tocher（1970）強調遊憩活動的參與僅是遊憩的手段，最終的目的則在於獲得心理與生理的體驗（psycho-physiological experience）；Kelly（1987）則認為體驗通常是指經歷一段時間或活動後的感知對事情進行處理的過程，不是單純的感覺，而是對一種行為的解釋性意識，透過時間、空間相聯繫的過程。而體驗（experience）源自於拉丁文experiential，意思指探查、試驗。所謂的體驗，就是企業以服務為舞台，商品則為道具，環繞著消費者，並創造出值得回憶的活動（Pine & Gilmore, 1998）。當一個人情緒、體力甚至精神到達某一水平時，意識中產生的美好感覺，也就是體驗（Pine & Gilmore, 1999）。陳水源（1988）也提出遊憩體驗是遊憩者在其生活周遭環境中，藉由選擇而參與較喜好的遊憩活動而獲得其生理及心理上滿意之體驗。簡言之，人們會選擇參與遊憩活動，其最終目的都在獲得滿意之體驗。

遊憩體驗的過程，Clawson及Knetsch（1969）認為包含以下階段，預期階段（anticipate phase）、去程（travel to the site）、現場活動（on-site activities）、回程（return travel）及回憶階段（recollection phase）等五個階段，各個階段體驗不相同，並影響各種遊憩經歷。Ittelson（1978）提出遊憩活動體驗是有其順序，雖然遊憩活動主要集中在現場活動的階段，但由於現場活動是多變性的，整體的遊憩體驗是具多重構面和複雜性。且遊憩體驗為動態（dynamic）而非靜態（static），因為遊客所獲得之遊憩體驗受到不同情況影響，如心情、身體健康狀況等因素（轉引自Hull、Steward & Yi, 1992）。Lee、Dattilo與Howard（1994）也提出遊憩體驗並非單一知覺，正向的感受如快樂、自由感，但也會出現負向的體驗，如緊張、令人厭惡、害怕、不愉快等，而且正、負向體驗時常同時發生。故此，體驗會因為遊客的各種體驗的滿意度，進而影響自身的感受，而其感

受宛如「報酬」或是「收穫」，將此轉換為一種內心的感受，即為「遊憩
體驗」。

　　透過旅客對於飛牛牧場遊憩體驗的感受及收穫，進而得知遊憩體驗
的滿意度並提供休閒農場遊憩體驗之建議。

(三)滿意度相關文獻探討

　　滿意度對於國內外企業來說備受重視。尤其針對服務相關產業更是
強調顧客滿意度的重要性。顧客滿意度之概念首先由Cardozo（1965）提
出應用於行銷學之範疇，隨著時代的變遷，觀光旅遊之相關產業逐漸興
起，因此，遊客滿意度之名詞也因而衍生出來。Driver和Tocher（1970）
認為遊憩滿意度可用異差理論之觀點來解釋，強調滿意度是由遊客的期望
與實際感受和知覺間的差距來決定，而整體滿意度係由現況各層面差異的
總合所決定。Manning（1986）則認為滿意度是一個多向度的概念。滿意
度可參考三種因素：(1)遊憩場所環境、硬體或生物的特色；(2)管理行動
的類型或層級；(3)遊客的社會和文化的特徵等。遊客體驗遊憩後，受社
會因素與自然因素，同時產生影響心理與情感，將受到變化或是受到當時
氣氛以及群體互動等外在因素之影響，形成的一種態度或意向，即為滿意
度（Crompton & Mackay, 1988）。陳水源（1988）在擁擠與戶外遊憩體驗
關係研究中，將遊憩體驗區分為事前期望的「期望體驗」和遊憩後感受到
的「獲得體驗」，而將遊客於遊憩後的整體感受稱為滿意度。滿意度乃個
人於體驗後的心理與情感狀況，於內心感受所形成的一種態度或意象，即
滿意度是一種「預期」與「實際」的比較過程，而且，滿意度是一種心理
感受，因個人特質不同，對同樣事物產生不同的認知，對滿意度的體驗亦
有所差異。因此滿意度即成為各研究者用來測量人們對產品、工作、生活
品質、社區或戶外遊憩品質等看法、認知、行為表現的工具，是一項非常
有用的衡量指標（林晏州、陳惠美、顏家芝，1998）。

　　宋秉明（1983）以鹿角坑溪森林遊憩區為實例研究提出影響遊客滿意度之五大因子：(1)遊客內在的心理性因子：包括遊憩動機、遊憩目的、遊憩需求、心中期待、過去經驗、興趣、偏好、感受、敏感度、價值判斷、年齡、性別、教育程度及家庭、文化、經濟等背景；(2)遊憩區社會環境因子：遇見之遊客人數多寡、次數與其遊客行為、遊客團體之大小與均質度、遊客的空間及時間分布；(3)遊憩區自然環境因子：環境的特殊性、環境景緻、面積大小、環境之易被破壞性、隱蔽性、環境的限制、環境的整潔與衛生、噪音、遊憩設施的數量、方便度、形式及外觀和位置、交通狀況；(4)遊憩活動因子：遊憩活動的種類與數量、活動期間的衝突程度、設備與基本條件質量的適合度、活動進行中所受限制、遊憩所需的費用、時間與活動之安全性；(5)其他因子：氣候、意外事件的發生、不明原因。蔡柏勳（1986）認為遊憩滿意度的達成可解釋為，遊客（個人因素）在某特殊心態（期望）下選擇特殊遊憩區（環境因素）一種特殊之綜合感受（體驗因素）；將此感受與其先前之期望作比較而界定其遊憩滿意度之達成因素。侯錦雄（1991）則認為滿意度包含有環境滿意、活動滿意及管理滿意等三個概念。楊文燦、鄭琦玉（1995）利用因素分析將滿意度分為四個向度：(1)經營設施的滿意度；(2)自然體驗的滿意度；(3)活動參與過程的滿意度；(4)對其他遊客行為的滿意度。郭春敏與熊漢琳（2012）指出，飛牛牧場研究中發現遊憩體驗與整體滿意度是具有顯著相關性且是正相關。

　　綜合上述，影響整體滿意度的因素有很多，其中以個人因素、環境因素、活動因素與經營設施等因素對整體滿意度較具影響力。

四、研究方法

包含研究架構、研究假設、問卷設計、問卷信效度之檢驗及樣本數及正式問卷發放回收等。

(一)研究架構

研究架構請參考**圖4-1**所示。

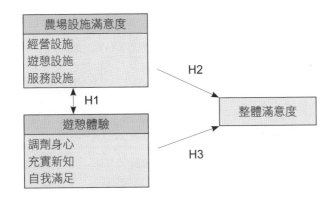

圖4-1 研究架構

(二)研究假設

本研究根據前述文獻探討與研究架構，提出研究假設如下：

1. H1：受訪遊客在農場設施滿意度與遊憩體驗間具顯著相關。
2. H2：受訪遊客之農場設施滿意度與整體滿意度上具顯著相關。
3. H3：受訪遊客之遊憩體驗與整體滿意度上具顯著相關。

(三)問卷設計

遊客體驗滿意度量表主要根據王愛惠（2003）在休閒農場生態活動

與遊憩體驗之關係研究，以因素分析法萃取出：「調劑身心」、「充實新知」、「自我滿足」三個具代表性的遊憩體驗因素，共計15題項（**表4-1**）。遊客對農場設施滿意度之變項表主要參考張渝欣（1998）對休閒農業設施依功能性之分類，修改為「經營設施」、「遊憩設施」、「服務設施」等三類，共18題項（**表4-2**），作為本研究設施重視度與滿意度之問項。兩者皆採用李克特（Likert）五點評量尺度計分，依據參與者對牧場的體驗滿意程度，從「非常滿意」到「非常不滿意」，分別給予5分到1分。分數越高表示遊客牧場的體驗滿意程度越高。

(四)問卷信效度之檢驗

本研究之問卷主要依據王愛惠（2003）遊客體驗滿意度量表及主要

表4-1　遊客體驗之變項表

研究變數	衡量構面	衡量構面內容	評量尺度	問項
遊客體驗	調劑身心	1.體驗山林原野間的自然環境。 2.消除、減少緊張及壓力。 3.獲得接近大自然的機會。 4.鍛鍊身體促進健康。 5.精神上獲得抒解與放鬆。	區間尺度（李克特五點尺度）	15題項
	充實新知	6.認識動物、植物。 7.認識農業生態環境。 8.認識農村豐富的文化特色。 9.瞭解農產品生產加工過程。 10.瞭解農產品生產加工過程。		
	自我滿足	11.滿足心中好奇心。 12.與親人、朋友間獲得情感交流。 13.獲得成就感。 14.增廣見聞充實知識。 15.自我考驗及肯定。		

資料來源：轉引自蔡淑貞（2003）。

表4-2　遊客對農場設施滿意度之變項表

研究變數	衡量構面	衡量構面內容	評量尺度	問項
設施滿意程度	經營設施	1.農業體驗設施（農村風貌、農業生產、採收、DIY） 2.農業建築設施（農舍、動物養殖場、菇寮等） 3.農產品展示及銷售設施（紀念品販售場設計） 4.餐飲設施（餐廳、咖啡屋） 5.住宿設施（小木屋住宿設備） 6.野炊設施（烤肉、焢窯）	區間尺度（李克特五點尺度）	18題項
	遊憩設施	7.涼亭設施（休憩涼亭） 8.眺望觀景設施（瞭望台） 9.露營設施（露營地及附屬設施） 10.兒童遊戲設施（童玩設施） 11.庭園景觀設施（庭園植栽設計） 12.園區步道設施（步道周邊景觀及座椅）		
	服務設施	13.生態保育設施（生態保護園區） 14.農業與生態教育解說設施（解說牌及解說人員服務） 15.入口廣場意象設施（農場入口設計） 16.衛生設施（廁所、洗手台） 17.交通及停車設施（停車場及交通動線） 18.管理服務中心（農場遊客中心）		

資料來源：轉引自王愛惠（2003）。

根據及參考張渝欣（1998）對農場設施滿意度之變項，問卷研擬過程亦請休閒相關領域專家檢視其內容且實施五十份之前測，以增加問卷之效度，在問卷信以Cronbach's α 來檢測問卷之信度，其結果如**表4-3**。

(五)樣本數及正式問卷發放回收

經由問卷預測後，得知其有效樣本數為384，考量廢卷率約5%，本研究團隊親赴飛牛牧場發放問卷，研究員針對牧場實際體驗遊客進行問卷調

表4-3　遊客體驗、農場設施滿意度問卷預試信度分析表

構面	項目	Cronbach's α 滿意度
遊客體驗	調劑身心	0.7520
	充實新知	0.8945
	自我滿足	0.7972
整體信度		0.8356
農場設施	經營設施	0.7703
	遊憩設施	0.7414
	服務設施	0.7853
整體信度		0.8948

資料來源：本研究整理。

查，時間從101年5月15日至101年6月15日進行正式調查，共計發放404份問卷，回收問卷398份，扣除無效問卷13份，有效問卷共385份，有效問卷回收率95.3%，70%以上視為非常良好。

 第三節　研究結果討論與建議

　　本小節包含遊客特性分析；遊客設施滿意程度、遊憩體驗之相關分析；遊客設施滿意程度及遊憩體驗與整體滿意度之複迴歸分析；以及結論與建議，說明如下：

一、遊客特性分析

　　遊客個人基本資料主要以敘述性統計分析，針對遊客之性別、婚姻狀況、年齡、教育程度、職業、每月平均收入及居住地點來進行資料的分析，分析結果如**表4-4**。

表4-4　個人基本資料次數分配表

項目	基本資料	樣本數（n=384）	百分比（%）
性別	男	151	39.2
	女	234	60.8
婚姻狀況	未婚	301	78.2
	已婚	84	21.8
年齡	20歲及以下	89	23.1
	21～30歲	214	55.6
	31～40歲	32	8.3
	41～50歲	13	3.4
	51歲及以上	37	9.6
教育程度	國中及以下	3	0.8
	高中／職	42	10.9
	專科／大學	325	84.4
	碩士以上	15	3.9
職業	學生	261	67.8
	工商服物業	59	15.3
	軍公教	13	3.4
	農林漁牧	0	0
	自由業	39	10.1
	退休、待業及其他	13	3.4
平均月收入	10,000元以下	226	58.7
	10,001～20,000元	54	14.0
	20,001～30,000元	74	19.2
	30,001～40,000元	17	4.4
	40,001元以上	14	3.6
居住地	北部地區	81	21.0
	東部地區	8	2.1
	中部地區	269	69.9
	南部地區	27	7.0

資料來源：本研究整理。

　　由**表4-4**得知，性別方面，女性略多於男性。婚姻狀況方面，已婚者較多。年齡層方面，受訪者以21～30歲居多。受訪者教育程度則以專科／大學的325人占最多。職業是以學生占較多。就平均月收入來看，以10,000元以下，可能因大部分受訪者為學生。就居住的地區而言，中部地區較多占69.9%。

　　在遊客之旅遊屬性的結果，如**表4-5**所示。

　　由**表4-5**顯示可觀察到，受訪者得知農場訊息主要為親友介紹占49.6%。交通工具以汽車為主要215人（占55.8%）。在同伴性質方面以與家人親戚的最多170人占44.2%。多數受訪者表示此次為第一次前往牧場322人（占83.6%）。而在農場遊程時間以一日遊居多237人占61.6%。此外，旅遊動機為親近大自然的生活295人。進入休閒農場時間多在早上9～11時246人占63.9%。旅遊支出方面每人平均花費金額多在501～1,000元165人占42.9%。

表4-5　遊客旅遊屬性次數分配表

項目	屬性	樣本數（n=）	百分比（%）
資訊來源	網路瀏覽	117	30.4
	傳播媒體	33	8.6
	書報雜誌	44	11.4
	親友介紹	191	49.6
交通工具	汽車	215	55.8
	機車	72	18.7
	遊覽車	49	12.7
	客運公車	32	8.3
	火車	16	4.2
	其他	1	0.3
同伴性質	自行前來	31	8.1
	家人親戚	170	44.2
	同事朋友	150	39.0
	配偶情侶	34	8.8

（續）表4-5　遊客旅遊屬性次數分配表

項目	屬性	樣本數（n=）	百分比（%）
旅遊次數	一次	322	83.6
	二～三次	58	15.1
	四～五次	1	0.3
	六次以上	4	1.0
旅程時間	半日遊	111	28.8
	一日遊	237	61.6
	二日遊	37	9.6
旅遊動機	抒解工作及生活的壓力	232	60.3
	親近大自然的生活	295	76.6
	體驗農業生活與農村環境	156	40.5
	認識農業文化、獲得教育意義	137	35.6
	增加與家人相處的機會	190	49.4
	促進朋友間的情感交流	196	50.9
入園時間	上午9時前	44	11.4
	上午9～11時	246	63.9
	上午11時～下午1時	53	13.8
	下午1～3時	36	9.4
	下午3～5時	5	1.3
	下午5時以後	1	0.3
旅遊支出	500元以下	134	34.8
	501～1,000元	165	42.9
	1,001～2,000元	59	15.3
	2,001～3,000元	15	3.9
	3,001元以上	12	3.1

資料來源：本研究整理。

二、遊客設施滿意程度、遊憩體驗之相關分析

　　遊客設施滿意程度與遊憩體驗之各層面及整體層面間的相關情形，以Pearson積差相關探討如**表4-6**。

表4-6　農場設施滿意度與遊憩體驗各層面相關分析係數表

層面	經營設施	遊憩設施	服務設施
調劑身心	0.767**	0.788**	0.827**
充實新知	0.679**	0.630**	0.622**
自我滿足	0.736**	0.758**	0.769**
**P<0.01在顯著水準為0.01時（雙尾），相關顯著			

資料來源：本研究整理。

　　由表中得知，就整體而言，分析結果均達高水準的正向顯著。

　　遊客設施滿意程度及遊憩體驗與整體滿意度是否有相關性，Pearson
積差相關分析如**表4-7**、**表4-8**。

表4-7　農場設施滿意度與整體滿意度之相關分析表

層面	經營設施	遊憩設施	服務設施
整體滿意度	0.817**	0.632**	0.742**
**P<0.01在顯著水準為0.01時（雙尾），相關顯著			

資料來源：本研究整理。

表4-8　遊憩體驗與整體滿意度之相關分析

層面	調劑身心	充實新知	自我滿足
整體滿意度	0.707**	0.711**	0.740**
**P<0.01在顯著水準為0.01時（雙尾），相關顯著			

資料來源：本研究整理。

　　由**表4-7**、**表4-8**可得知，設施滿意度及遊憩體驗與整體滿意度皆有顯
著相關，且皆為中度正相關。

三、遊客設施滿意程度及遊憩體驗與整體滿意度之複迴歸分析

由**表4-9**的分析結果可知，就整體樣本而言，顯著正向影響整體滿意度的農場設施構面依序為「經營設施」及「服務設施」，而「遊憩設施」則對整滿意度無顯著影響。欲提升整體滿意度，應可考慮先從農場設施中之「服務設施」加強，效果最佳，其次再從「經營設施」著手改進，而「遊憩設施」對提升消費者整體滿意度無顯著影響。

由**表4-10**的分析結果得知，就整體樣本而言，顯著正向影響整體滿意度的遊憩體驗各構面依序為「調劑身心」，而「充實新知」、「自我滿足」則對整體滿意度無顯著影響。欲提升整體滿意度，應可考慮先從遊憩體驗中之「調劑身心」加強，而「充實新知」、「自我滿足」對提升消費者整體滿意度無顯著影響。

表4-9 農場設施滿意度與整體滿意度之迴歸分析表

自變數／依變數	整體滿意度			共線性統計量	
	標準化 β	T值	顯著性	允差	VIF
經營設施	0.208	2.455	0.015	0.158	6.327
遊憩設施	0.099	1.029	0.304	0.124	8.075
服務設施	0.471	5.894	0.000***	0.179	5.598
1.*p<0.05; **p<0.01; ***p<0.001					

資料來源：本研究整理。

表4-10 遊憩體驗與整體滿意度之迴歸分析

自變數／依變數	整體滿意度			共線性統計量	
	標準化 β	T值	顯著性	允差	VIF
調劑身心	0.761	11.311	0.000***	0.192	5.213
充實新知	-0.011	-0.223	0.824	0.363	2.752
自我滿足	0.073	1.055	0.292	0.184	5.446
1.*p<0.05;**p<0.01;***p<0.001					

資料來源：本研究整理。

由以上的休閒農場的設施滿意度與遊憩體驗範例，從研究假設的建立，問卷預試信度分析（Cronbach's α=0.8948）；問卷信效度之檢驗；遊憩體驗與整體滿意度之相關分析：調劑身心（0.707）、充實新知（0.711）、自我滿足（0.740）；農場設施滿意度與整體滿意度之相關分析表：經營設施（0.817）、遊憩設施（0.632）、服務設施（0.742）。

由上面的量化研究可以看出，研究結果的統計數字之重要性，因為數字可以講話，它可以透過圖表數字告訴讀者這研究結果其假說是否成立（顯著）及研究是否具有信效度。

四、結論與建議

(一)結論

本研究主要是以飛牛牧場為例，探討其遊客特性背景、農場設施滿意度、遊憩體驗及整體滿意度的關聯性。藉由問卷調查獲得以下結果：

1. 由受訪遊客的個人基本資料顯示，六成以上的受訪者為女性及未婚，表示未婚女性較會前往休閒農場進行休憩活動。年齡層方面，遊客乃以21～30歲的青年居多，而前往農場從事休閒旅遊活動之遊客多具有較高的教育程度，超過八成為大專學歷以上。受訪者之職業以學生之比例最高，平均月收入以10,000元以下為多，前往農場之遊客大部分居住在中部地區，其中居住在南部地區最少只占7%，因農場位居中部地區，受訪遊客可能受到交通距離或是選擇性的影響。

2. 遊客旅遊屬性之調查結果顯示，受訪遊客多為第一次與家人親戚一同前來，其中由親友告知農場資訊為最多，然而透過網路獲得資訊的也不在少數，顯示農場運用網路宣傳具有良好的成效。一般受訪

者到農場的時間多為上午9～11時,在農場停留的時間以一日遊客居多,旅遊動機主要為親近大自然的生活、抒解工作及生活的壓力及促進朋友間的情感交流為主。農場的消費金額大多每人在501～1,000元間,而2,001～3,000元與3,001元以上也不少,各約占了三成,銷售農產品、紀念品、餐飲住宿或相關服務的提供對於遊客是具價值且願意購買。

3.由整體滿意度調查分析顯示,遊客對於遊憩體驗方面的自我滿足構面之項目,具有較高的滿意,而其遊憩設施與服務設施則有中度的正相關;遊客對於設施滿意度方面的經營設施構面之項目,具有較高的滿意,而其調劑身心與充實新知則有中度的正相關。由此可知,受訪遊客對飛牛的整體經營與設施是肯定的。

(二)建議

根據本研究結果提出下列幾點,期能為飛牛牧場經營者未來規劃提出建議:

1.提供青年辦理各項活動之規劃:由研究分析得知,來此旅遊的幾乎都是學生群遊客,故建議在遊憩設施上加強學生活動之功能,以助提高業者營利上之獲利。

2.維持既有的場地設施優勢:研究結果得知有大多數項目數據為顯著且正向,但也有較不顯著的數據。故建議對其原有設施維持完整性,並對於其較不顯著的設施加以改進。

3.鼓勵主動詢問顧客抱怨:農場設施非常多,農場範圍也非常廣,故可能無法隨時注意遊客動態,故建議鼓勵主動詢問顧客抱怨,以提升休閒服務品質。

4.樹立優良的服務形象:多利用科技(如網路的行銷等)建立良好服務形象。

第四節　角色扮演

一、腳本

　　兩位學生參與這角色扮演，可以在教室外或者在教室內練習。一位同學扮演A學生，另一位扮演B學生。請讀下面的劇本並選擇你自己的腳本。

> A學生：聽老師說研究的信效度很重要，但什麼是信效度呢？
>
> B學生：信度與效度均特指測量工具（如問卷、態度行為量表），若研究沒有信效度，它可能影響測量結果因素後的準確程度喔！信度與效度既然都有一個字為「度」，就是一個可以度量的具體「數字」，不是抽象的感覺、感受，也不是廣泛的調查準確性。
>
> A學生：哇，你好屬害，聽起來很學術與專業喔！你可以進一步說明或者舉例說明嗎？
>
> B學生：好啊！信度就是準確程度——是否有區別能力？測量的結果是否穩定一致？穩定一致的程度如何？譬如一把捲尺昨天量一個人的身高是170公分，今天再量卻變成165公分，一個人斷不可能一天矮了5公分，顯然這把尺可能受熱脹冷縮的影響很屬害，也就是「信度」不高。又如這把尺從尺端開始量一個人的身高是170公分，但從1公尺的地方開始量，同一人的身高卻變成175公分，就顯示這把尺刻度之間的距離不準確，「信度」自然就低了。

繼續延伸思考……

> A學生：喔，我懂信度的意思了！那效度呢？你可以再說明一下或舉例嗎？謝謝！

B學生：舉一個較具體的例子來說，譬如我們有一把刻度很精確、不會熱脹冷縮也就是「信度」很高的尺，但如果用這把尺來量一群人，以判斷誰輕誰重，就可能不大準確，不很「有效」。因為尺並不擅於測量「體重」這個特質。尺對「體重」這個特質而言，就是一個「效度」不佳的測量工具。但是判斷測量工具是否「可信」、「有效」，並不經常像上面的例子那麼顯而易見。

A學生：是喔，不過我覺得我對信效度比較有feel了。我在想，專題時我可以有榮幸跟你同一組嗎？

B學生：當然可以，不過，我還是要再問一下其他的組員，但在我們說YES或NO前，你可能要花一點時間將研究中的信度和效度搞清楚，這樣我們才會考慮喔！

繼續延伸思考……

A學生：OK啦！我會用功努力瞭解什麼是信度與效度，不過，你能教我嗎？

B學生：你可以找書或上網找資料看啦！

A學生：拜託啦！我知道你人最好，好人做到底，拜託拜託啦！

B學生：真是被你打敗，好吧！那我就跟你分享信度和效度的概念與種類。

A學生：OK啦！

B學生：信度是指一種衡量工具的正確性或精確性。信度有兩方面的意義，一是穩定性，一是一致性；可分為外在信度與內在信度等。效度指測驗結果的正確性（反應）。一個有效的測量就是我們是否測量出所要測量的東西，可分為內容效度、外在效度與內在效度等。進一步的內容你要自己去找資料喔！若還不懂，我們再來討論或請教老師。這也是專題製作的精神培養獨立思考的能力喔！

二、討論

1.請同學舉例說明什麼是效度與效度？

2.請同學找兩篇文章閱讀，並說明文章內容的信度與效度。

貼心叮嚀

英國哲學家培根早在三、四百年前曾比喻做學問有三種人：第一種人好比「蜘蛛結網」，其材料不是從外面找來的，而是從肚子吐出來的。第二種人好比「螞蟻囤糧」，他們只是將外面的東西，一一搬回儲藏起來，並不加以加工改造。第三種人好比「蜜蜂釀蜜」，他們採擷百花的精華，加上一番釀造的功夫，做成了又香又甜的糖蜜。（中學生導航網，2016）

因此，我們應效法蜜蜂釀蜜的方法，採納百家之言，自己要能吸收並加以創新，努力再努力並持之以恆，這是做學問的基本功夫。換言之，廣博蒐集研究和參考資料，細微觀察，然後予以歸納、分析、批判，是做任何研究的基本功夫。反之，若基本功不扎實，則無法深入瞭解，那將來作研究也不易有成就。

Chapter 5

質化研究方法

　　本章實務專題製學生可選擇以質化研究為主，第四章介紹撰寫量化研究的原則並舉範例介紹量化研究，本章主要介紹撰寫質化研究的原則並舉範例介紹質化研究。首先介紹質化研究撰寫的原則、質化研究內涵與教學法、質化研究的範例及角色扮演。

 ## 第一節　質化研究撰寫的原則

　　撰寫方式與量化研究部分類似，相同點如研究背景敘述、提出預示問題及研究目的及重要性等。差異點為研究過程、設計與方法等。質性研究包含人種誌研究計畫、歷史研究計畫及行動研究計畫等。以下將介紹人種誌計畫質化研究，說明其撰寫方法及質性研究設計的主要內容，說明如下：

一、人種誌計畫質化研究撰寫方法

　　1.一般的問題敘述：對研究問題以簡潔、清晰的方式進行陳述；問題的敘述緊接在問題的背景或緣起之後；問題敘述為「發現取向」，「描述與分析」進行中的事件或過程。

　　2.初步的文獻探討：說明在提出所描述預示的問題時，研究者「可能」使用的概念架構，同時確認我們對問題的瞭解或現有知識，或前人的研究尚待解決或研究的缺失之處；引用社會學、心理學、人類學等學術領域之理論或實證研究；根據理論或他人研究，開始進行觀察或田野調查等。

　　3.提出預示的研究問題：以廣泛的、期待的方式，敘述研究問題，但該問題可能尚待在田野中重新形成；人種誌為敘述預示的問題，常

選擇場所並徵得暫時或正式許可，以假定的研究者角色執行研究；
研究者早已有部分資訊，瞭解在研究環境中可能觀察得到何種類型
的資料。

4.研究目的與重要性：非常清楚地描述研究目的（與量化研究的寫法
不同）；可能在社會現象或社會行為上可以提供新的知識或研究方
向，釐清他人尚未瞭解的問題；可能藉由觀察或描述分析，發展出
新的概念、理論或知識體系。

5.場所或社會網絡的選擇：研究場所的選擇要適用於探究在預示的問
題中所陳述的現象和過程；如果預示的問題在於社會組織的瞭解，
場所就應該以組織平常運作的描述，整體環境、組織性質、組織人
員相處情形、參與者的類別、決策者領導行為、決策過程等。

6.研究角色：研究者在描述資料時之角色如參與者的觀察、觀察者的
參與、晤談者等；研究者角色對資料蒐集具有交互作用的影響，研
究者角色盡可能以期望的社會關係或角色描述之。

7.目標抽樣方法：合於研究目標；小樣本，獲取資訊完整、符合社會
情境或過程的個案；綜合取樣、最大變異抽樣、網狀抽樣、聲譽個
案、極端個案、代表性個案、關鍵個案等。

8.資料蒐集方法：資料蒐集類型如參與觀察、人種誌晤談、從田野中
蒐集人工製品或實品；資訊蒐集策略如陳述預期駐守田野之期限、
資料記載方式（摘要觀察、晤談記錄、草稿、細節等）、資料歸
類、儲存及檢索方式。

9.資料歸納分析與結果討論：將資料蒐集策略、歸類及結果進行順序
性的編排；估計資料的可靠性；結果敘述方式如描述性敘述、描述
—分析解釋、基礎的學理分析。

10.研究限制：研究範圍，與問題的敘述有關，場所選擇不佳，所有
參與者無法全部涵蓋等；設計與方法，有時設計限制成為人種誌

研究的優點，若全然沒限制，研究目標並不一定能完全達成。

二、質性研究設計的主要內容（田秀蘭，2018）

1. 界定研究現象：要多省思個人的研究興趣、動機、能負擔的時間及精力，同時要確定研究主題是適合以質性研究進行的研究題目，要訂得客觀，不要隱含不必要的前設（例如：中學生因父母離異而學習成績下降的探究，不是中立的題目）。

2. 確定研究問題：要找有意義的問題、要找夠分量的問題，但野心也不要太大。適合質性研究的問題：特殊性、過程性、情境性、描述性、解釋性，確定問題之後，也要繼續窄化，定義重要的名詞。

3. 研究目的與研究之重要性：個人目的、實用目的、科學／智性目的。

4. 研究背景及相關文獻探究：進行窮盡的文獻探討、說明實務現場的背景以及個人相關的實務經驗。

5. 界定研究對象。

6. 選擇研究方法。

7. 說明如何檢測研究結果。

8. 研究倫理。

專欄　質化研究優缺點

以下將針對質化研究的研究核心、研究焦點、研究特性及研究方法做摘述：

一、研究核心

- 質化研究：為提供社會生活較深入的探索，通常須採觀察方式以蒐

集資料。
- 優點：觀察可呈現現象的深度。
- 缺點：無法呈現現象的普及度，比較無法將其結果做推論。

二、研究焦點

- 質化研究：回答一個「為什麼」的問題，解釋態度觀點及暴露紮根理論，秘密的文化意義。
- 優點：觀察可得知現象發生的深度因素。
- 缺點：無法呈現現象的廣度。

三、研究特性

- 質化研究：表達內部的人的觀點。
- 優點：觀察可呈現內部的人的觀點。
- 缺點：無法呈現局外人的觀點。

四、研究方法

- 質化研究：彈性、允許包含較小的樣本、資料有較大的效力。
- 優點：觀察可呈現資料有較大的效力。
- 缺點：無法量化母群的代表性。

 # 第二節　質化研究的範例

本小節主要介紹微型創業之質化研究——以咖啡館為例，首先說明研究動機、問題與目的，其次以文獻探討為主。

一、研究動機、問題與目的

許多人都很愛喝咖啡，但未必真的懂咖啡技術及原理，許多人都想著要自行創業，但未必真的能將自己的咖啡館開創成功。有些人為了實現

人生中的理想及夢想，也想認同自我的作法，所以開間微型創業咖啡館正是跨出人生中創業的第一步，如何持續性、延續性的發展下去，是值得想創業於微型創業咖啡館的人去深思一番的。

　　微型創業個性化咖啡館的創業者只是單純想開咖啡館圓創業的夢？是什麼樣的原因促使他們想創業開店？又是什麼原因讓他們選擇自行開設微型創業個性化咖啡館，而非大型加盟連鎖體系，創業動機為何？在創業的過程中，創業的資源如何去做有效善用？營運方面又會遇到哪些轉捩點？販售商品是否為該區域消費者所能接受？經營策略、行銷策略的模式又是如何？探討這些微型個性化咖啡館的創業者如何能在這麼競爭激烈的逆境中突破逆境，經營成功的關鍵因素為何？深入研究微型創業者必須要特別注意的重要事項是什麼？

　　該研究之目的出自於瞭解微型企業的個性咖啡館創業者為研究目標，從創業者的角度探討創業動機／理念、創業運用資源、專業技術經驗、行銷策略、經營策略的多元化目標，並透過半結構式質性訪談之方法，提出以下本文研究目的：(1)瞭解微型創業個性咖啡館的創業者當初創業的目的為何？(2)探究微型創業個性咖啡館的創業者創業的資源取向；(3)找尋微型創業個性咖啡館之創業經營策略、行銷策略等；(4)提供日後有意發展的微型創業咖啡的創業者之參考依據。

二、文獻探討

　　微型創業之質化研究參考過去文獻，主要瞭解微型企業的定義、咖啡館概述、創業家的定義、咖啡館之經營等（田紹辰，2018）。

　　本段落將介紹台灣現有的咖啡店分類、創業家的定義及微型企業的定義。

(一)台灣現有的咖啡店分類

中華民國連鎖店協會（2000）針對咖啡產業之調查中，依咖啡店的經營風格，將台灣現有的咖啡店分類如下：

1. 歐式咖啡：是目前咖啡的主流，強調濃縮口味的義式咖啡。例如：濃縮咖啡（Espresso）、以濃縮咖啡為基底再加入打發過後的鮮奶及奶泡的卡布奇諾（Cappuccino）、拿鐵咖啡（Latte）等。

2. 美式咖啡：可區分為傳統美式及西雅圖式。前者口味較清淡，製作手法比較不精緻，往往被喜愛慢工出細活而調製出濃稠口味咖啡的歐洲人認為淡而無味。因此，美國人為了不讓歐式咖啡專美於前，於是在西雅圖地區開始選用高海拔地區的精品咖啡生豆去加以烘焙較深烘焙的咖啡豆，而製作出類似義式濃縮風味的西雅圖式咖啡，亦可算是美式咖啡的創新。

3. 日式咖啡：可分為速食式和精緻式。前者如現在街頭盛行35元咖啡店，以丹堤咖啡、羅多倫咖啡為代表；後者以真鍋為代表。此類咖啡館以早餐、下午茶及搭配簡餐或精緻小點為營業額銷售的重點。

4. 個性化小店：僅有單獨的店面，通常店面積微型，老闆幾乎包辦所有工作。但因強調精緻化、個性化，經常吸引固定消費者。

楊海銓（2012）在《賺錢咖啡館》一書中，再將咖啡館的經營型態更明確的定義，整理歸類及註解如**表5-1**。

(二)創業家的定義

鄭美玲（2001）綜合國內外學者研究後，認為創業家的特性應包括：

1. 願意風險承擔。
2. 觀察趨勢且開創新局。

表5-1 咖啡館型態

店面型態		個性店	複合式	連鎖式
風格定位		強調創業者個性與技術之特色,商品講求創意與新鮮,追求市場差異化經營。	餐點為主,飲品為輔,為多品項經營型態。	以品牌為主要訴求,講求店家品質統一性。
經營背景	營業特色	強調咖啡飲品的專業,技術層次要求較高,老闆風格明確,與顧客互動較多,較容易培養忠實顧客。	注重廚房的供餐能力,提供顧客擁有多樣化餐點選擇,營業形態彈性,可根據商圈需求做彈性變化,與顧客互動頻繁。	注重連鎖統一性的產品與服務,店家形象固定,無獨立創業發展空間,與顧客互動最少。
	裝潢特性	追求個性化、差異化的風格主題為主,例如:鄉村風或時尚風格鮮明,座位空間安排寬敞。	以客人舒適性為主,輕鬆的風格為主,桌椅設備需挑選品質較佳者,座位空間適中。	以總公司統一規格化裝潢。
	合適商圈	住家社區、娛樂區、學區、辦公型商業區。	住家社區、娛樂區、學區、辦公型商業區、工業區/科學園區。	娛樂區、辦公型商業區、工業區/科學園區、交通轉運區。
	店家範例	E61咖啡場所、偉倫咖啡。	亞爾方索咖啡、551咖啡館。	星巴克、85度 C、丹堤咖啡。

資料來源:楊海銓(2012)。

3.結合個人與組織目標,創立企業。

4.從企業成長及價值創造中而獲取相對報酬。

5.負起社會責任,並推動國家經濟繁榮。

Di-Masi(2002)也列出創業者的特點,須具備:

1.自信以及多樣技能:一個能夠創造出商品、行銷產品,並用它賺錢的人,能夠有自信讓他們自己在遇到困難和令人失志的情況下,平穩地生存在大環境中,都能有自信的去面對及解決難題。

2.有自信面對困難以及逆境。

3.創新的技能：並非是一般所認知的發明家，而是可以在市場上找出新的賺錢市場，這些優勢通常是一般人看不見的。

4.結果導向：想成功需要的動力僅來自於訂定目標及確認方向，並由達成這些目標及方向的過程得到樂趣。

5.勇於冒險：成功指的是能夠衡量風險，通常一位成功的企業家須具備一個能夠逐漸承擔風險的方法，每一個階段讓自己面對一定的風險，在每一個決策後，能夠評估個人風險的總量，並往下個階段走來證明自己的價值。

6.承諾：認真工作、充滿動力及從一而終，這些是在創業下的基本要素。

(三)微型企業的定義

根據青年輔導委員會（2017）的研究調查結果，認為微型企業有以下幾項共同點：

1.企業資金、其他資金及營業額較他型企業低。

2.員工人數數量介於4～10人。

3.多屬於鄉鎮社區型企業。

4.自行僱用及其他家庭成員參與。

5.行業型態如家庭企業（如家庭代工、小吃店）、個人工作室（如廣告設計）、微型服務業（如家庭理髮）或微型專業行業（如代書）。

6.其創業主要動機與他型企業最大不同之處，在於微型企業收入通常是家庭的主要經濟來源。

7.創業者也是管理者，因自行僱用，故工作時間較有彈性，可兼顧家庭。

經濟部中小企業處（2017）對於中小企業的協輔向來不遺餘力，針對微型及個人事業亦於101年起推動專屬的「微型及個人事業支援與輔導計畫」，隨著各項計畫的推動，微型及個人事業的輔導藍圖也更趨完整，2014年1月8日行政院推出的三年30億青年創業方案，本計畫擬從創業後的階段，運用各項協輔資源的連結，輔導專家與業師的陪伴，逐步推動微型及個人事業成長茁壯，奠定經濟發展的基礎。

(四)咖啡館之經營

楊婉歆（2003）在〈都會咖啡館情境空間的體驗——女性的經驗剖析〉一文中分享咖啡館的顧客從過去到現代，都與當時的經濟、時空背景、社會背景有所變動，現代咖啡館為民眾主要社交活動、飲食行為、休閒活動空間。楊慕華（2003）探討消費者對個性化咖啡館印象屬性的滿意度、重視程度、綜合態度與其忠誠度之間的關係；將個性化咖啡館的印象屬性分別為六個不同構面：「產品器具」、「服務促銷」、「外觀特色」、「設計效果」、「空間機能」、「環境氣氛」。由上得知咖啡經營講究情境空間，為社交及休閒良好場所。此外，咖啡廳軟硬體設備為顧客滿意度與忠誠度之重要構面。

楊日融（2002）研究咖啡館成功經營關鍵因素，針對個人及連鎖咖啡館兩種不同經營型態以問卷調查方式作為分析，研究將經營變數、關鍵成功因素及經營績效等三方面，用因素分析分析出咖啡館成功經營關鍵因素；結論得到關鍵成功因素有「服務品質」、「產品品質與特色」、「行銷方法」、「商店風格與特色」、「顧客關係與店長個人能力」、「商圈與店址選擇」及「商務聚會的適合度」；並於分析所得到之成功經營關鍵因素中，對績效有絕對影響，即以「顧客關係與店長個人能力」及「商圈與店址選擇」兩項，對經營績效的好壞具有絕對之影響能力。

《快樂工作人雜誌》（2016）說明開一間咖啡館的期初成本，可以

讓你連續五十七年天天喝咖啡，以及開創一間咖啡館的困難點在哪？以下提出三點供想開微型創業咖啡館的創業者評估：

第一，「開一間咖啡店前期期初成本，至少準備約250～500萬」。開設一間微型創業咖啡館的前期費用就必須先準備一筆不小的開支，如**表5-2**所示。

第二，「咖啡店要賺錢，每月要至少20萬營業額才能達到損益平衡」。支出成本包括店面租金、人事成本、水電、瓦斯、雜費、食材成本等，光食材大約占營業額的1/4～1/2，即使是坪數小的咖啡店，也至少要15萬營業額，才能達到損益平衡，每個月營運費用，如**表5-3**所示。

第三，「咖啡店的浪漫是留給客人的權利」。開創一間咖啡館不是一件輕鬆容易之事，也沒有外界所想像的如此浪漫，創業者們一整天的行程是非常忙碌的，如**表5-4**所示。

表5-2　微型創業咖啡館的前期費用

期初費用	金額
裝潢、裝置、桌椅	120～300萬
房租＋兩個月押金	10～30萬
廚房、吧檯	45～60萬
空調設備	25萬
餐具	5～20萬
網站架構	5～20萬
雜支	20萬
周轉金	40～70萬
合計	250～500萬

資料來源：《快樂工作人雜誌》（2016）。

表5-3　月營業費用

月營運費用	金額
人事	10～20萬
房租	5～20萬
食材成本	2～4萬
水、電、瓦斯	2～4萬
雜費	1～2萬
合計	20～50萬

資料來源：《快樂工作人雜誌》（2016）。

表5-4　咖啡店長一天工作行程

咖啡店長的一天工作行程		時數
平時	上班時間（月休1～2天）	12H
	顧店、沖煮咖啡、出單	
	進出貨物處理	
	與廠商、顧客溝通	
	危機處理	
	研究與研發產品	
	訓練店員	
	店內維修、清潔	
下班後	烘焙咖啡豆	5H／週
	製作蛋糕、甜點	5H／週
	網路行銷	不定期
	FB內容固定及不定期更新	不定期

資料來源：《快樂工作人雜誌》（2016）。

第三節　質化研究法應用

　　本小節研究方法包含研究問項、研究架構、研究設計、研究對象、研究信度與效度等（田紹辰，2018）。

一、研究問項

研究問項共分三個面向：「動機／理念面向」、「經營策略面向」、「行銷策略面向」。依據參考文獻又將三個面向深入研究劃分，如動機／理念面向包含四個子問項（**表5-5**）。

表5-5　咖啡經營的動機與理念

架構	訪談問項	參考文獻
動機／理念	1.請問您為何會想開成立一間咖啡館？	致富月刊（121期）；劉常勇（2003）；許凱玲（2005）；呂克明（2007）；MBA智庫百科（2015）
	2.請問您為何會選擇這個地點創業？	行政院青年輔導委員會青年創業資訊網；楊海銓（2012）
	3.請問您希望帶給走進來的消費者擁有什麼樣的感受？	廖淑伶（2009）
	4.請問您對您的咖啡館未來的經營規劃是什麼？	黃寶元（2011）；呂清松（1997）

二、研究架構

本研究之研究架構採用質性研究法，主要分成兩個階段，第一個階段為理論基礎建立，透過文獻探討作為研究理論及動機的基礎。第二個階段是透過深度訪談來蒐集微型創業咖啡館之創業者的意見，作為瞭解微型創業咖啡館的發展之依據，並佐以文獻驗證是否具有一致性？並根據此結果，提出微型創業咖啡館發展永續經營的利基所在，本文研究架構請參考**圖5-1**。

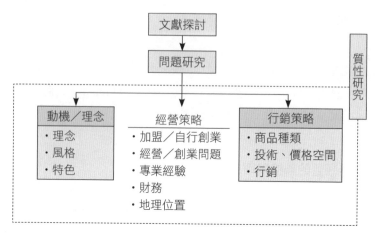

圖5-1　研究架構

資料來源：田紹辰（2018）。

三、訪談大綱

　　訪談大綱在質化研究中常被使用，根據田紹辰（2018）在微型創業之質性研究中以桃竹苗地區咖啡館為例，其使用的訪談大綱共分為如下十一個問題及三十個子題，簡述如下：

問題一：微型創業咖啡館的創業者之理念、型塑咖啡館特色？

1.請問您為何會想開成立一間咖啡館？

2.請問您為何會選擇這個地點創業？

3.請問您希望帶給走進來的消費者擁有什麼樣的感受？

4.請問您對您的咖啡館未來的經營規劃是什麼？

問題二：微型創業咖啡館的創業者創業動機？

1.請問您當初為何是選擇自行開店，而不是選擇加盟的方式？

2.請問您剛開始是如何找到各種資源（人力、設備……）創業的？

問題三：微型創業咖啡館的創業者創業面臨之困難？

1.請問您當初創業的動機是否和過去的教育環境、餐飲背景或社會經驗有相關？
2.請問在創業經營上有遇過什麼轉捩點嗎？

問題四：專業經驗

1.請問您本身的專業學識，或工作經驗的生活背景及商品涉入程度高低會影響您創業的意願嗎？
2.請問您在無相關背景、經驗與人員帶領之下，第一次創業在心理層面上是否存在著恐懼因素？您又是如何去克服？
3.請問您選擇創業之路是否因家人或朋友成功的經驗或成就？
4.請問您在一定的創業資金成本內，您會選擇加盟然後借以他人經驗傳承創業，而增加自己創業成功的保障嗎？
5.請問您創業的動機是否存在著熱忱、夢想以及自我肯定？「興趣及專長」是您選擇進入此產業的優先考量嗎？

問題五：財務預算

1.請問您創業的資本額？
2.請問您的創業資金如何取得（自有資金、親友資助還是銀行借貸）？
3.請問您在資金取得程度不易的情況下，您會選擇獨資或合夥？
4.請問您風險承受度低的情況下，您會傾向保守運用資金以期待創業一次成功？
5.請問您如何做到成本控制？成本控制得當是否對於您對商品訂價上較具競爭優勢？

問題六：商品呈現

1.您目前販售的商品種類有多少？
2.您所在的區域市場，是能提供引起消費者興趣的相關產品或服務，使其願意購買的獨特性商品？
3.在您的訂價策略中，您認為以量制價或薄利多銷方式來增加營業額，或者發展獨特性商品比較容易讓您所開創的事業能持續長久生存且持續獲利？

問題七：顧客經營

1.請問您對大部分的常客是否有印象、是否熟識？
2.請問您的顧客是否經常詢問您相關商品常識與知識或者技術？
3.請問您在同質性商品的角逐競爭下，顧客對商品選擇性相對愈來愈多。請問您如何讓顧客保持忠誠度？
4.請問您是否運用會員制之資料庫行銷尋找目標客戶群？是否會增加銷售額？

問題八：人脈、技術、價格空間

1.請問您在眾多競爭者圍繞下，相關基本技術是否成為維持生計持續營業的基本要件？
2.請問您會多方比較原料供應商之價格，以助於獲得更優惠之成本嗎？

問題九：地點選擇

1.您所販售的商品是否接近所在目標客戶群？
2.您的商品會因為人潮多而增加銷售量嗎？

問題十：行銷策略

1.請問您有做故事行銷或是店面裝潢嗎？

2.請問您是否採用與同業不同的行銷手法增加曝光率？（網路行銷、
　資料庫行銷）

問題十一：給創業者的建議

四、研究設計

　　質化研究的研究設計包括研究方法、資料整理與分析、研究對象及
研究信度與效度（田紹辰，2018）。

(一)研究方法

　　Bernard（1988）將於訪談者訪談過程中，按照研究者對於情境的控
制程度，由低至高可將訪談方式分為非正式訪談、非結構式訪談、半結
構式訪談、結構式訪談等四種類型，可為研究的目的、性質或物件的不
同，而使用不同的訪談方式。該研究主要透過文獻分析法及深度訪談法進
行研究。

(二)資料整理與分析

　　資料分析是質性研究當中重要的一環，是一種選擇歸類、比較、綜
合及詮釋的過程（王文科，2000）。目前一般探討質性研究方法的專業書
籍，不論是否主張紮根理論研究法，幾乎都會提到編碼這個資料分析步驟
（Richards, 2005），可見「編碼」這個步驟對於質性研究資料分析相當
的重要。

(三)研究對象

　　本研究將訪談對象分別隨機編號A1～A6，開店年資最少為兩年，最長為五年，男性創業者為兩名，女性創業者為四名，個性化咖啡館四家，複合式咖啡館兩家（**表5-6**）。

表5-6　咖啡經營者的相關資料與經營模式

序號	開店年資	性別	經營模式	地點（區）
A1	5年	男性A1	個性化咖啡館	台中
A2	3年	女性A2	複合式咖啡館	台中
A3	2年	女性A3	個性化咖啡館	台中
A4	3年	女性A4	個性化咖啡館	台中
A5	4年	女性A5	個性化咖啡館	台中
A6	2年	男性A6	複合式咖啡館	台中

(四)研究信度與效度

　　質性研究與量化研究同樣重視研究的信度與效度，尤其對於效度的探討，雖有質性的研究者認為質性和量化的研究主要為認識論、本體論不同，不必探討效度問題，但多數質性研究者則認為質性研究優勢於其他，其針對效度問題加以深入探討，可以顯示出其重要性，因而質性效度之分析研究逐漸受質性研究者的重視（王文科，2000）。

五、研究結果分析

　　該研究結果從提出的問題中，將問題分為：動機／理念面向、經營策略面向、行銷策略面向，作為結果討論，最後再將訪談結果與相關文獻進行綜合研討。訪談內容以符號「」中的粗體作為引用研究訪談對象的陳

述，並加以驗證（黃錦敦，2006）。第三碼與第四碼代表訪談對象所提供之資料提次，以1、2、3……依序表示。例如：A1-1-1是代表第一位受訪者，其在受訪談話記錄稿中第一題的第一小題所提供之資料與內容，以下舉例說明（田紹辰，2018）：

(一)動機／理念面向

對咖啡有熱情、濃厚興趣產生創業動機——

「自從離開飯店主廚工作後，因為喜愛咖啡，就全心的投入咖啡的產業，從零到現在的成就，因為對咖啡非常熱愛，也一直有研究，所以我也喜歡分享咖啡的故事及傳承。」（A1-1-1）

「從沒想過要開咖啡館創業，一切都是緣分的促使，使得我突然愛上咖啡，進而對咖啡產生興趣，所以開了間專業手沖咖啡館。」（A2-1-1）

(二)經營策略面向

創業過程之資源運用——

「以前曾經在餐飲業工作過，有過往的經驗及資源可以運用，以及向前輩討教不懂的事情吸取前輩的經驗。」（A2-2-2）

「跑很多咖啡館取經、跟很多創業者及咖啡人聊天交流，所幸大家都能無私地分享創業的經驗，並提供各種原物料的管道及窗口，讓我們節省不少時間。至於店裡的傢俱、餐具、小東西等等，則是我們從各縣市找來的。」（A3-2-2）

(三)行銷策略面向

顧客經營——

「我對常來消費的顧客會有印象，也會進一步的認識及聊天，很多顧

客就像朋友一樣。」（A1-7-1）

　　「這裡大部分的客人皆是熟客，我與客人間就像朋友一般，若有新客人一定會噓寒問暖問候，並瞭解從哪裡來，如何得知小店。」（A4-7-1）

(四)訪談對象回饋資料分析

　　訪談對象回饋資料分析如**表5-7**所示。

表5-7　咖啡創業之動機理念之回饋表

架構	訪談問項	訪談回饋
動機理念	1.請問您為何會想開成立一間咖啡館？	‧對咖啡有相對的研究，樂於分享、傳承、推廣咖啡故事及相關知識（A1、A6） ‧緣分促使，進而產生興趣（A4） ‧對咖啡有濃厚興趣、熱情、熱愛自由、創業（A1、A2、A3、A4、A6） ‧自我期許、能力肯定及夢想達成（A2、A3、A5）
	2.請問您為何會選擇這個地點創業？	‧交通便利、停車便利、環境適宜（A1） ‧親戚的店面在承租（A2） ‧曝光度佳、特殊風情、慢步調生活（A1、A3） ‧離家近、靠辦公室區域，家庭、事業並重（A4） ‧鬧中取靜、靠近市區、隱身住宅區（A3、A5） ‧租金便宜（A2、A5、A6） ‧區域性客群特殊（A6）
	3.請問您希望帶給走進來的消費者擁有什麼樣的感受？	‧享受品味生活、感受熱情（A1、A2、A5、A6） ‧擁有專業技術（A1、A2、A6） ‧溫暖、自在舒適、猶如家樣的感受（A3） ‧人與人之間的情感交流，信任及關懷（A4） ‧釋放壓力、享受當下愉悅心情（A3、A5、A6）
	4.請問您對您的咖啡館未來的經營規劃是什麼？	‧推動咖啡文化、教學（A1、A2、A3、A5、A6） ‧拓展分店（A2、A6） ‧提供咖啡相關資訊的交流場所（A1、A2、A4） ‧多元化經營（A1、A2、A5、A6） ‧自我能力提升（A3、A4）

資料來源：田紹辰（2018）。

六、研究結論與建議

(一)研究結論

　　該研究主要分兩階段，第一階段是理論基礎建立，透過咖啡相關的歷史、微型創業的發展以及微型創業咖啡館的成立，來瞭解微型創業咖啡館本身具有發展資源，再透過近年來台灣咖啡歷史及微型創業演變的探討，作為研究背景與動機以及研究理論為基礎。第二個階段透過三個研究主議題，進行專家質性訪談。透過此專家訪談之問題與回饋，可以具象瞭解微型創業咖啡館從無至有、咖啡館特色理念、風格、創業面臨之困難、專業經驗、財務預算、商品呈現、顧客經營、技術／人脈、價格空間、地點選擇、行銷策略及心路歷程，可以作為提供日後有意發展的微型創業咖啡的新進創業者之參考依據。

　　研究結果，微型獨立餐廳創業者之創業關鍵成功因素：(1)咖啡館經營管理；(2)發展獨特性商品；(3)市場區隔定位；(4)創業前對市場須評估重點；(5)服務品質會影響餐廳經營績效；(6)熟悉市場環境且具備餐飲相關技術；(7)經營模式型態；(8)商圈評估；(9)成本控制；(10)創業者個人特質；(11)與消費者保持良好關係；(12)未來發展。

(二)研究建議

　　根據對微型創業咖啡館創業成功的各先進的研究，本研究提出日後有意發展的微型創業咖啡的新進創業者發展建議（田紹辰，2018）：

1.創業人自我評估創業的動機為何，對此產業是否有興趣及熱情。

2.先提升咖啡相關的專業技術能力。

3.創業前先至相關產業工作，對相關產業進行全盤瞭解。

4.拓展人脈與關係之建立。

5.創業資金募集及創業資源管道準備齊全。

6.開創地點進行各項評估（例如：區域性評估、顧客消費行為評估、競爭者評估、相似競爭者評估等）。

7.適時觀察顧客需求。

8.對產品品質的堅持。

9.對自我心理建設要能調適及周全。

10.持續不斷進修、自我充實相關技能。

11.跟進市場脈動及潮流。

由上述微型創業之質化研究的範例，從研究動機、問題與目的、文獻探討、研究方法、研究結果分析、研究結論與建議等。第一個階段為理論基礎建立，透過文獻探討作為研究理論及動機的基礎。第二個階段是透過深度訪談來蒐集微型創業咖啡館之創業者的意見，作為瞭解微型創業咖啡館的發展之依據。透過選擇歸類、比較、綜合及詮釋的過程作資料整理與分析，且進行質性研究的信效度分析。訪談內容以符號「」中的粗體作為引用研究訪談對象的陳述，並加以驗證，且將其研究結果進行編碼與分類等，最後提出研究結論與建議。由上面的質化研究可以看出，研究透過文獻回顧、深度訪談紀錄、編碼、分類、歸納與整理等過程，皆以文字的陳述作為研究結果與建議。

 ## 第四節　角色扮演

一、腳本

兩位學生參與這角色扮演，可以在教室外或者在教室內練習。一位同學扮演A學生，另一位扮演B學生。請讀下面的劇本並選擇你自己的腳本。

Ａ學生：畢業後，我很嚮往擁有一間休閒又時尚的創意咖啡廳，因此，我想在專題製作的時候，就思考以這主題為題目。

Ｂ學生：這是一個很棒的想法，可以將專題製作結合自己的興趣，我很支持你的想法，那我們的專題就以此主題為主……

繼續延伸思考……

Ａ學生：我想我們應該針對此主題做進一步的瞭解與分析。如我們應該如何進行研究該主題？

Ｂ學生：對喔，我們可能要對開創意咖啡店要有所認識呢！

繼續延伸思考……

Ａ學生：首先，我們應該對開咖啡店所需的成本、經營管理或行銷策略等要有所瞭解。

Ｂ學生：沒錯，開設一間微型創業咖啡館的前期費用就必須先準備一筆錢，創業基金，那我們就……

Ａ學生：我們也必須瞭解月營業費用，如店面租金、人事成本、水電、瓦斯、雜費、食材成本等……

Ｂ學生：我姐姐的男朋友是咖啡店的咖啡店長，聽他說店長也很忙碌，不但上班要忙，如顧店、沖煮咖啡、出單；下班後也要忙，如網路行銷、FB內容固定及不定期更新等……

二、討論

請就開咖啡店的期初成本、月營業費用及咖啡店的工作內容做進一步的估計與討論。

1.請問開一間咖啡店的期初成本，至少準備約多少錢？

期初費用	金額
裝潢、裝置、桌椅	
房租＋兩個月押金	
廚房、吧檯	
空調設備	
餐具	
網站架構	
雜支	
周轉金	
合計	

2.咖啡店要賺錢，每月至少要多少營業額才達到損益平衡？

月營運費用	金額
人事	
房租	
食材成本	
水、電、瓦斯	
雜費	
合計	

3.咖啡店的工作內容——咖啡店長一天的行程為何？

咖啡店長的一天工作行程		時數
平時		
下班後		

貼心叮嚀

　　所謂「失敗為成功之母」，筆者的國際期刊文章常被拒絕，甚至同一篇文章被六種不同期刊拒絕，參考每次拒絕審查者的意見後修改，直到第七次終於被接受，而每次看到審查者給的意見，有時真的很難過，因為嘔心瀝血寫出來的文章，常常被批評得很慘，當下的沮喪與失落感，有投稿過國際期刊的讀者應該多少能感同身受，因為審查者有時會給超過十頁左右的意見或建議，看了那麼多的意見或評論，有時真想放棄，因覺得一篇文章已經改了約兩年，每篇文章的撰寫都需花很多時間挑燈夜戰，翻看文獻，被拒絕，很難過，常覺得人生要浪費在這無止境的深淵中嗎？尤其筆者是那種很耐不住性，個性很急的人，這過程令人感到痛苦與掙扎，真的很折磨人。

　　但後來筆者終於想通了，以前做研究的心情就如開車，出發地點是台北，目的地是高雄，上高速公路後就一直往前衝，途中若有任何狀況，如塞車、車禍等問題，就會很緊張且也覺得浪費時間，但到達高雄終點後，覺得好累，若要再開車可能會不願意或者略有恐懼，後來有位老師對筆者說，他覺得我的個性太急且似乎不懂得用休閒與欣賞的角度來看待人生，他說如同開車上高速公路，如果有碰到任何狀況，或許可以轉換心情，只要目的方向不變，或許可以下交流道喝喝咖啡休息一下，同時也可以欣賞一下每個休息站的設施與環境，也可以下交流道轉省道欣賞不同的路邊風景，也是一種不同的體驗與收穫，但最終還是能到達目的地，而這過程心情是喜悅且收穫滿滿，不要那麼躁急且擔心。

Chapter 6

質化與量化研究方法

觀光餐旅 研究方法

第一節 質化與量化研究

學術研究的方法上，主要可劃分成「量化」與「質化」研究兩種研究方法，以下將針對兩種方法代表著不同的研究途徑與產生不同的研究結果，量化研究採實證主義的觀點，以統計分析探究社會的現象，企圖建立放諸四海皆準的原理原則，更進一步解釋、預測和控制社會的現象。量化的研究者皆認為社會的現象可透過觀察而得，強調價值中立的態度及客觀性，質化方法不是以數字或統計來進行測量，也不會事先以結構性的問卷來取得相關資料。相反的，質化研究依據的是多元化、多面向的資料間，互相交叉分析來增強研究的信度與效度。而在產業的研究中，蒐集這些資料的來源有很多種，包含了政府單位的出版品、相關研究機構的調查報告、相關學術或產業期刊、新聞報導、公司正式或非正式資料、網站資料、訪談與田野調查等等來源。質化研究是運用這些非量化的資料來進行研究，將資料與研究者的推論互相交叉分析與參照，進一步產出分析的過程與歸納出結論。根據博智研究（2018）對質化與量化研究說明如下：

一、量化研究

茲將量化研究的問題、量化研究的基本信念、量化研究的方法說明如下：

(一)量化研究的問題

一般量化研究的問題可分為三類：

1.現況不明的問題稱為「描述性問題」。
2.關聯不清的問題稱為「關聯性問題」。

3.因果不解的問題稱為「因果性問題」。

　　例如：小朋友究竟有沒有吃早餐？早餐吃些什麼？這樣的問題就是「描述性問題」；如果我們想進一步知道小朋友早餐習慣和家長職業的關係，那就是「關聯性問題」；如果我們更進一步探討小學生早餐習慣對學習成就的影響，那就是「因果性問題」。

(二)量化研究的基本信念

　　量化研究的基本信念有四點：

1.量化研究可以發現事實：透過計量分析的方法觀察社會現象，其可信度更高。
2.量化研究可以驗證假設：社會科學研究主要目的之一是考驗假設，故須將資料予以數量化，再以統計的假設檢定方法加以檢驗。
3.量化研究可以建立定律：假設經過多次驗證程序而得到相同的結果，則定律就可以成立。
4.量化研究可以建構理論：如果某一定律有其他許多相關的定律或概念支持，進而建構完整的概念系統，就可以形成經驗性的理論。

(三)量化研究的方法

　　量化研究的方法有三種不同途徑：

◆社會調查

　　運用問卷調查的方法蒐集有關社會現象的資料，通常可以累積豐富的資料。調查方式可分為：郵寄問卷、面對面訪問與電話訪問三種。

◆實驗研究

　　包括三項要件：

1.控制：一般控制自變項或研究情境，以消除影響研究結果的外在因

素。

2. 隨機化：將研究樣本隨機分派到控制組或實驗組的方法，實驗研究
設計通常以一個控制組，以作為比較的基礎。

3. 干擾變項的處置：當我們探求實驗處理與實驗結果之間的關係時，
容易受到許多干擾變項的影響，必須設法透過隨機化或統計方法加
以排除。

◆結構觀察

事前決定研究依據的理論，據此設計結構性的量表，然後再以此量
表觀察研究對象。結構觀察是觀察研究中最嚴謹的設計，一般都是事前知
悉哪些活動與行為是要觀察的，也知悉行為者可能有的反應，並且予以記
錄下來，如佛蘭德斯（N. A. Flanders）觀察教室中老師學生互動的行為，
發展出教師與學生在教室中口語互動情形。

1. 描述統計：描述統計之功用是在化約資料（data reduction），當原
始資料很多時，如不加以組織及整理，我們很難瞭解資料中所含之
訊息及意義。利用一些基本的描述統計法，這些資料即可被濃縮，
進而給我們一些基本的訊息。資料在化約後會損失一些訊息，不同
的資料化約方法，亦即不同的描述統計，可將同樣的資料做不同方
式呈現，因此我們要慎重的選擇以何種描述統計來適當的呈現資
料，以及要省略資料中的哪些訊息。此分析主要目的是欲瞭解受訪
樣本基本特性的資料，如平均數、標準差、變異數、極大（小）值
等。

2. 樣本平均數的差異顯著檢定：

　(1)獨立樣本t檢定：統計資料分析時常必須比較不同兩群體的某種
特性是否一致，或對某問題的觀點是否一致。這種兩群體特性
一致性與否，往往可由兩群體特性的期望值來判斷。獨立樣本

的t檢定是用以檢定兩群體特性的期望值是否相等之一種常用的統計方法。本方法適用於兩組平均數差異的檢定，例如比較不同性別的國中三年級學生之在校數學成績的差異。

(2)成對樣本t檢定：若兩群體的資料是成對出現，亦即兩組資料是相依的（例如：減肥前和減肥後的資料），則必須應用成對樣本的t檢定。成對樣本的t檢定同樣是用以檢定兩群體特性的期望值是否相等之一種常用的統計方法。

(3)單因子變異數分析：上述的獨立樣本t檢定是探討兩個獨立母群體的平均數是否相同所使用的方法。然而，當我們想要比較超過兩組以上的平均數是否相同時，用獨立樣本t檢定就不恰當了。應該利用單因子變異數分析，它是獨立樣本t檢定的延展，來比較三組或三組以上平均數。

在單因子變異數分析中，有三組（含）以上之組別接受不同的自變項的處理，但是單因子變異數分析的結果只能解釋這三組（以上）之間「有無差異」，而無法解釋「兩組間的差異」。本方法適用於三組以上平均數差異的檢定，例如比較不同社會經濟地位的家庭（分高、中、低）其子女在校數學成績的差異。

3.皮爾遜積差相關分析：以皮爾遜積差相關方法分析兩者的相關程度，積差相關係數可作為兩個連續變數間線性相關的指標。相關分析是分析變數間關係的方向與程度大小的統計方法，而相關係數代表兩個變數之間關係密切與否的程度。相關係數介於－1與＋1之間，正負符號表示相關的方向，負相關表示線性相關的斜率為負，正相關表示線性相關的斜率為正。

4.迴歸分析：迴歸分析是用來分析一個或一個以上自變數與依變數間的數量關係，以瞭解當自變數為某一水準或數量時，依變數反應的

數量或水準。

(1)簡單迴歸分析：當研究問題中，僅有一個預測變項時，而依變項為也只有一個，因而可採用「簡單迴歸分析法」。

(2)多元迴歸分析：餐飲科系學生使用烘焙數位教材行為意圖之研究問題中，有數個預測變項，例如：「電腦焦慮」、「電腦自我效能」、「相容性」、「知覺有用性」、「知覺易用性」、「知覺財務成本」、「知覺資訊品質」等七個；而依變項為「使用數位教材之行為意圖」變項一個，因而可採用「多元迴歸分析法」，或稱「複迴歸法」。

二、質化研究

以下將說明質化研究的精神、質化研究的特性、質化研究適用主題、選擇質化研究之原因、什麼人適合作質化研究、質化研究採用的方法、進行質化研究會遭遇的困難及質化研究進行順利之關鍵因素。

(一)質化研究的精神

質化研究不同於量化研究，不需要經由數據或統計分析來呈現結果，而是由研究者主觀、仔細與有深度來選擇研究主題。因此，質化研究的精神有下列幾點：

1.質化研究的重點是在於研究者去瞭解存在中的事實本質，並且強調事實與過程的整體性，而非經由片面數據的片段分析。

2.不論是研究者或受訪者，均不排斥人的主觀與直覺，並且認為研究中的主觀與直覺，是質化研究中一定會產生的，也是其研究可貴之處。

3.質化研究產生的結論，不同於量化要尋求答案的客觀性與絕對性，

只要結論彼此之間是相關的即可，研究結論可因時間、空間之變動
而改變並進一步討論。

(二)質化研究的特性

質化研究包含以下幾點特性：

1.在自然環境與情境中的研究。

2.注重研究過程與過程中的發展狀況。

3.研究重點在於獨特、有指標性的個案。

4.研究過程中注重研究的脈絡以及最後的研究意義。

5.研究的設計與過程有些許彈性，可在研究的過程中，隨時修改問題
　與設計。

6.研究的結果往往採用歸納性的分析方法。

7.陳述方式是藉由描述性的資料來分析。

(三)質化研究適用主題

質化研究強調的是研究者與受訪者主觀的想法、感受以及意義，因
此，適合的主題包含以下幾項：

1.觸及人物的內心或心路歷程。若研究主題是被研究者或當事者的內
　心世界或者其本身之心路歷程時，則此主題可由質化研究來進行完
　整的闡述，例如：服裝設計師成長過程之研究等。

2.研究的事件或情境是在不具控制或者是非正式權威的情境中。研究
　者取得資料的來源，必須得到當事者的信任，才能夠完整呈現其經
　驗、感受、想法，因此是必須在不受到控制的狀態下，才能完整呈
　現當事人對於人、事、物的看法及心理歷程。適合探索性的研究，
　在狀況未明、尚未有學說架構建立的背景下，適合採用質化研究。

4.目前現有研究多注重量化研究的呈現方式，想要以質化研究的方式
　來蒐集主觀的資料。

5.適用於描述多元、複雜的現象，非單一數據能夠表現的素材與主
　題。

(四)選擇質化研究之原因

　　研究者選定質化研究方法，主要有以下幾個原因。研究主題本身需
要瞭解特定的對象、群體或者是事件，比起統計數據上的客觀結果，實務
上的呈現更加重要。現實上的考慮，例如：時間、人力與成本的限制不適
合進行大規模問卷調查。樣本數的限制，例如：研究主體鎖定在單一幾個
具有獨特性的個案。

(五)什麼人適合作質化研究

1.研究者具備高度敏感力、細心。

2.本身愛聽故事，也愛說故事。

3.研究過程中挫折容忍度高。

4.願意保持開放的心態，接受研究中任何可能性。

5.研究者本身具備一定程度的語言和文字表達能力，能夠完整闡述資
　料。

6.研究者本身具備良好的傾聽能力與問問題的能力。

(六)質化研究採用的方法

　　質化研究中採用的方法有很多種，最為主要也最常應用的是「深度
訪談」和「田野調查」。

◆ 深度訪談

　　質化研究的深度訪談比起一般量化研究的訪談來得困難，因為其本

身不是有結構性的過程，此外，訪談進行中也不會保持中立的角色，而是帶有主觀的想法與角度，並不是說要研究者加入自己的價值判斷來進行訪談，而是質化研究本身自然無法避免主觀的想法與價值判斷，也需要靠研究者本身的敏感度來蒐集資料。

而許多書面、正式或非正式的資料並非全都有公開管道可以取得，所以深度訪談顯得非常重要，其在於能夠瞭解許多產業內部無法公開或無法呈現的原則與關鍵點，在進行深度訪談前，研究者需要針對相關文獻、產業調查報告、新聞媒體報導、相關研究等來瞭解產業或事件的歷史背景與狀況，也可以藉由這些資料瞭解缺乏的關鍵性問題，並加入於訪問的問題中。

就產業研究而言，訪問對象除了實際從事經營或生產活動的企業主、管理階層、受僱員工之外，也還可以包括產業觀察者，例如新聞記者、期刊編輯、政府官員、學者教授、研究人員等。訪談的目標並不只是要拿到可供分析的資料，還可以從不同面向重塑整個產業或研究對象的完整面貌。

◆ 田野調察

有許多的訪談都是在田野調察時同步進行的，換言之，是在被研究對象的自然環境中同步觀察時所進行的訪談。這些即時訪談的主題往往是直接根據當場情境而發生，甚至通常是非正式的情境，而且因為隨著事件發生，因而也包括了受訪者的情緒反應與受訪者對即時面對狀態的理解與反思。在田野調察的日常接觸中，研究者可以與受訪者建立起比較非正式的親近關係，也因此在比較輕鬆的狀況下較能夠得到坦承的告白與真實的感受。

(七)進行質化研究會遭遇的困難

尋找不到獨特性的個案，或尋找到的個案不具代表性。受訪者原先

願意接受訪談，後表達不願意接受訪問。受訪者願意接受訪談，但是受訪者無法回答問題，或提供的資料趨於表面，或不願意回答關鍵性問題。

(八)質化研究進行順利之關鍵因素

由個人經驗、工作出發，尋找適合質化研究與研究者有興趣的主題。可選定一、兩個主題，並確定能夠接受深度訪談或田野調查的個案或受訪者。能夠蒐集到許多公開的資料，並能夠與訪談資料配合使用（博智研究，2018）。

專欄　民宿

　　相信每個想要經營民宿的業者，心中都有一個夢：或許是希望創造一個很有農村風味的小農場，擁有園圃及各種家禽家畜，自給自足，讓客人享受一個真正的農家生活；或許想創造一個很生態的民宿，它很自然、有大樹、草叢與水池等，常有野鳥及昆蟲光臨，讓客人愛上這裡的大自然；也或許想要跟上最流行的歐風，讓客人坐在灑滿陽光的落葉樹下的咖啡座，在綠草如茵、繁花似錦的環境中，享受最浪漫的鄉村風情；也或許是一個很悠閒的住宿環境——只要一棵老榕樹、幾張竹躺椅、一個釣魚池，就能讓客人得到最大的放鬆；除此之外，從另一方面來說，民宿主人具獨特的興趣與研究精神，更可以結合來發展各種主題的民宿，如種植各種家常藥用、香花植物，則可成為以養生為主題的民宿；若喜歡種植特殊瓜果，則可成為瓜果之家；或你喜歡種滿各種類的竹子，則可能稱為竹之庭。但不管何種風格的民宿，其經營管理與顧客滿意度將是民宿主人很關心的，下面章節將以民宿經營與顧客滿意度為研究範例探討。

第二節　質化與量化研究範例

一、前言

　　近年來，台灣具特色資源的鄉村地區發展如同許多已開發國家一樣，遭受到邊緣化的效應，普遍面臨人口外移、老化、經濟衰退等問題。過去台灣是以農立國，具特色資源的鄉村地區多是從事農業生產之工作。然而近十幾年來據經濟部統計台灣的製造業與服務業為成長但農業卻呈現負成長。再者，2002年，台灣正式加入世界貿易組織（World Trade Organization, WTO），在農產品市場自由化與國際化的壓力之下，調降農漁畜產品之進口關稅，消除目前所採管制進口、限地區進口及削減境內補貼等保護措施，使農業的發展有極大限制，因此農民的生計亦遭受到嚴屬的影響，故農委會努力輔導農業轉型。由此可知，農業已經不是台灣產業結構中之要角，從事傳統農業耕作的人口逐年下滑，農業生產亦不再是鄉村地區居民能依賴的穩定經濟來源，台灣的鄉村地區與農業發展皆面臨著轉型及重新定位之樞紐。

　　行政院農業委員會積極推動「休閒農漁園區」農業政策計畫，期望將傳統農業從一級產業轉向提供田園景觀、農家生活、農村文化，以服務顧客為導向的三級產業。同時希望當地居民以自立發展及創造在地就業機會的模式去整合鄉村地區的農漁產業資源，並以策略聯盟方式構成鄉鎮級休閒農漁園區，進而促進及活化鄉村地區發展之目標（鄭心儀，2005）。而鄉村地區的民宿經營剛好符合了這樣的理念，除了有秀麗的田園美景可吸引遊客到訪外，還有精緻的農村美食及農家生活體驗等機會。如精緻農業、鼓勵農業轉型為休閒農業及生物科技等。創新科技產業、農生園區啟動等，期待能增加農民的收入，亦提供國人一個最佳休閒去處。

　　筆者於近年來有機會參加民宿與休閒農場之服務品質之認證與評鑑，經由業者的討論與分享，故對休閒農業的經營與發展甚感興趣。再者，從農委會「一鄉一休閒」、「民宿條例開放」，到營建署推動之「創造城鄉風貌」計畫，政策上的大力推動，吸引了許多觀光旅遊的人潮，帶動台灣地區產業發展，但也使得台灣地區在發展民宿產業發生經濟學上的供過於求，同業惡性競爭問題。目前台灣的休閒農場或民宿的經營主要困境為假日與平日的客源不均。假日期間遊客或住客人潮滿滿，導致其客房不足、餐旅服務人員不夠，但平日可能門可羅雀，設備投資閒置，故業者皆努力於如何增強自身休閒農場或民宿的特色，積極投入宣傳生態旅遊，建立農場特色，盡量降低與平衡非假日的遊客之落差，亦為業者一直關注的問題。

　　本研究主要聚焦於台灣休閒農業發展探討，休閒農業是農業結合觀光休閒服務業的農企業，具有三農（農業、農民與農村）、三產（一級產業、二級產業及三級產業及四生（生產、生活、生態及生命）的特性。讓遊客體驗農業生產、農村生活、農村生態及休閒農業場區萬物生生不息，充滿生命力，遊客藉由親身體驗，感受生命的意義，體認生命的價值，分享生命成長的喜悅，進而促使人們尊重生命、發揮生命力等體驗生命。本研究為瞭解台灣休閒農業的現況與發展方向，且以台灣中部新社地區民宿業者與消費者作為實證研究對象，利用IPA（重視─滿意度分析法），目的一為瞭解業者認知差異，提供業者經營改善之建議，供民宿產業結合區域觀光之策略擬定；目的二為以消費者角度分析民宿所提供的服務，是否真正滿足顧客的需求，其結果提將供休閒農業之民宿經營者具體、實質的經營改善及建議，增加顧客滿意度實務貢獻。

二、文獻回顧

(一)休閒農業

　　休閒農業是指利用田園景觀、自然生態及環境資源,結合農林漁牧生產、農業經營活動、農村文化及農家生活,提供國民休閒,增進國民對農業及農村之體驗為目的之農業經營。

◆ **四生一體的特性**

　　休閒農業是結合生產、生活、生態及生命四生一體的經營方式(陳昭郎、陳永杰,2013):

1. 生產係指農林漁牧的生產過程、生產工具及其生產品等農業生產。
2. 生活係包含村居民本身特質、生活方式、生活特色及農村文化活動等農村生活。
3. 生態係涵蓋農村地理環境、農村氣象、農村生物及農村景觀等自然生態。
4. 生命係指休閒農業農場區萬物生生不息,充滿生命力,遊客藉由親身體驗,感受生命的意義,體認生命的價值,分享生命成長的喜悅,進而促使人們尊重生命、發揮生命力等體驗生命。

　　休閒農業為四生一體的經營,休閒農業資源亦是環境教育最好的教材,休閒農場(園區)是實施環境教育最好的場所。

◆ **休閒農業五力之開展**

　　休閒農業結合了觀光、教育、醫療、休養及福祉等,發展休閒農業旅遊、體驗教育、SPA芳香療法、心靈放空及照護福祉之休閒農業五力,其內容說明如**表6-1**。

表6-1 休閒農業五力之開展

與農業之結合	構成內容
農業＋觀光（觀光力）	推展休閒農業旅遊、休閒企業（如農家民宿、農家餐廳等）
農業＋教育（教育力）	與小動物互動、透過栽培花草與農產品開發情操教育、推動農業體驗之教育農園
農業＋醫療（治癒力）	開發並推展園藝療法、芳香療法、藥膳等治療力
農業＋休養（療養力）	安靜休養、在農漁山村安穩對話、無憂無慮的停留等療養
農業＋福祉（福祉力）	由農家經營老人之家、團體之家、照護之家等福祉企業

資料來源：作者整理。

(二)休閒產業的功能

休閒農業是農業經營、遊憩服務並重的新興產業，休閒農業的經營型態有很多種，如觀光果園、市民農園、休閒農場、休閒漁業、農村民宿等等，而休閒農場正是展現此種產業的最佳場所，具有遊憩、教育、社會、經濟等多種功能，說明如下（鄭健雄、陳昭郎，1996）：

1.遊憩功能：提供休閒場所，滿足遊客對綠地的需求，投入田野自然環境，享受假期。

2.教育功能：利用豐富的生態環境及人文景觀為基礎，為使遊客欣賞自然美景，倘佯於青山綠水之間，必須強化自然與生態環境，維護森林及綠色資源，維持田園優美風光與鄉村住宅的整潔，建設清新自然的農村環境。提供各種體驗活動，讓民眾認識農業生產，以獲得相關的知識需求，達到「寓教於遊，寓教於樂」。

3.社會功能：主要有四項——

(1)促進城鄉交流：都市居民在假日時想擺脫擁擠的居住環境與工作生活之壓力，湧進農村地區欣賞自然景觀，體驗農業活動，享受平和與寧靜的環境，以求抒解壓力及消除身心疲勞，因此促進城鄉交流。

(2)增進農村社會發展：發展休閒農業增加農村就業機會，提高農家所得，農村居民體認其擁有的自然景觀、產業與文化的珍貴，激發了農村內部的動力，愛護農村、維護其產業文化。

(3)提升農村居民生活品質。

(4)縮短城鄉差距：由於城鄉交流頻繁，都市人民的旅遊住宿的結果，增進城鄉居民的溝通，資訊流暢，擴展人際關係，縮短城鄉居民的距離，增加生活情趣，充實生活內涵，無形中提高農村居民的生活品質。

4.經濟功能：改善農業生產結構，繁榮農村經濟，提高農村的就業機會，增加農家所得，增強產業競爭力。

5.環保功能：善用自然景觀資源、生態環境資源、農業生產資源及農村文化資源以吸引休閒遊憩人口。為吸引遊客前來休閒遊憩，農場就會主動改善環境衛生，提升環境品質，維護自然景觀生態，並藉由教育解說服務，使遊客瞭解環境保護與生態保育的重要性，主動做好資源保護工作，以利吸引更多遊客。

6.醫療功能：提供一個抒解壓力的健康休閒場所。城市居民可藉休閒農業活動，遠離塵囂，接近自然，抒解緊張生活。不論在觀光果園採摘果實，在體驗農場從事耕種，在海上遊釣，在休閒農場及森林遊樂區看青山綠水，藍天白雲，聽蟲鳴鳥叫，均可舒暢身心。而在森林中漫步，觀賞青翠林木，吸收「芬多精」更是有益健康。

(三)台灣地區休閒農場之經營策略

根據林錫波、陳堅錐、王榮錫（2007）歸納台灣地區休閒農場之經營策略有下列七項，說明如下：

◆建立特色區隔性

台灣的休閒市場近年來日益擴大，休閒農場的經營模式，將農業與

休閒結合，提供人們舒展身心、釋放壓力之途徑，也讓日漸萎縮的農業出現一線生機，然而在這一陣休閒農場風潮中，真正能夠經營發展的農場，首重建立自己的獨特特色。利用特色與其他農場加以區隔，而且這個特色必須具有二次消費之可能性，方可吸引遊客不斷前來消費。例如：有些農場生產柑橘，有些生產番茄、草莓，也有以鱒魚為主，然而如何與其他業者加以區隔，則是業者必須思考的地方。休閒農場的經營，業者必須不斷推陳出新，讓農場與市場趨勢結合，增加經營優勢。

◆ 充足的資金

充足的資金在經營任何產業都是關鍵性的因素，尤其休閒農場所需之資金、設備、土地規模非常大，業者倘若缺乏充沛的資金作為後盾，在經營上較為不利。根據謝宜潔（2004）調查結果，目前經營休閒農場若以獨資經營，其可能獲致虧損的機率較大。至於其虧損之原因，則以資金不足為主要因素，其次為休閒專業人員缺乏訓練、同行競爭激烈有關。獨資之業者較缺乏資源，經營上必須考量資源獲取之途徑，業者可以利用向政府機關申請補助的方式，彌補資金不足之壓力，目前政府單位樂見休閒產業促進地方繁榮的益處，只要業者具備完善的經營計畫，申請補助經費的支援是可行的方式。但是有業者表示在申請補助款方面，需要向政府單位提出計畫，對此部分的行政程序，業者認為有些困難，因而實行起來並不容易。

◆ 創新行銷方式

休閒農場之經營，除了建構農場本身的優勢與特色之外，必須結合新的行銷方式，將農場推銷出去，唯有強有力之行銷手法，始能讓農場獲取更多的利潤。目前休閒農場經營狀況較佳者，幾乎都已使用網路行銷的方式，擴張農場的知名度，網路行銷的成功與否已經成為農場經營的關鍵因素。其次，參加各種協會、組織，成為組織之一員，獲取組織之資源，亦是一種增加自己農場競爭力之方式；而利用參與各種博覽會的機

會，也能讓農場的知名度增加；此外，以異業結盟之方式，亦能獲取不錯之經營成效。目前產業經營已不能再侷限於過去傳統之行銷方式，業者必須靈活運用行銷技術方可。

◆ 創造休閒體驗的服務

體驗經濟時代的來臨，使得消費者願意花更高的代價，購買和享受難忘且有價值的體驗。故農場可以透過精心設計「體驗」，為產品和服務增加特殊性價值，亦將自我轉型為更具市場競爭力的「體驗產業」。這對國內正在摸索發展行銷策略，以因應龐大競爭壓力的休閒農場而言，實為值得思考的新方向（張文宜，2005）。

◆ 年輕化趨勢

根據謝宜潔（2004）研究訪談之業者，員工平均年齡接近四十歲左右，可見從事休閒農場之工作人員在年齡分布上屬於青壯年齡層，與以往農業從業人員以年齡較長有別，顯示休閒農場之經營吸引青壯年留在鄉村就業。目前休閒農場之經營已漸成為新興產業，青壯年經營讓休閒農業愈發趨向精緻專業化，成為新興之中小企業。

◆ 藍海策略的應用

利用藍海策略的消除、減少、提升及創造的步驟為球場創造出新的價值曲線，不要在紅海裡廝殺。

◆ 休閒農場必須建立學習型組織

學習有助於服務的落實與改善，第一線人員透過學習可以增進足夠的職能來從事服務，帶給顧客更好的服務，學習的對象可以選擇同業或異業的標竿學習。

🚐 第三節　實證研究

　　本小節包含IPA重要—滿意度分析法、研究架構、研究設計、資料蒐集、結果及管理意涵建議。實證分為兩階段，第一階段：民宿業者深度訪談為質化方法；第二階段為：問項設計為量化方法，說明如下：

一、IPA重要—滿意度分析法

　　重要—滿意度分析法（Importance-Performance Analysis, IPA）開始使用於1970年代，是Martilla與James（1977）所提出，並發展出IPA架構，IPA主要是以消費者觀點來分析重要性與表現績效的關聯性並進一步發展策略，因此本研究使用「重要—滿意程度」分析方法作為衡量民宿之服務品質。IPA的分析方法可分為四個步驟：

1. 步驟一：列出服務的各項屬性，並發展為問卷的題項。
2. 步驟二：針對服務屬性分別在「重要度」與「滿意度」這兩方面來作為評定的等級。前者是顧客對民宿業者所提供服務與產品的重要程度，後者是顧客使用該項產品或體驗服務後所表現之滿意情形。
3. 步驟三：「重要度」為縱軸，「滿意度」為橫軸，以服務屬性之評定等級為座標，並將其標示在二維矩陣中。
4. 步驟四：以等級中點為分隔點，將等級分為四個象限；四個象限代表含義：A象限表示重要程度與滿意程度評價皆高，落在此區的服務屬性應該繼續保持（keep up the good work）；B象限表示滿意程度低但重要程度高，此區的服務屬性表示業者應加強改善的重點（concentrate here）；C象限表示重要程度與滿意度皆差，此區的服務屬性優先順序較低（low priority）；D象限表示滿意度較高

但重要程度不佳，此區服務屬性表示供給過度（possible overkill）
（**圖6-1**）。

B象限（加強改善的重點）	A象限（繼續保持）
C象限（優先順序較低）	D象限（供給過度）

重要度（縱軸）

滿意度

圖6-1　重要滿意程度分析圖

二、研究架構

本研究提出之研究架構，如**圖6-2**所示。民宿業者及顧客因個人特性
的不同，產生不同的重視，進而採取不同實際行動；當行為發生後，再因
環境特質以及實際情況的影響，個人因此獲得不同的體驗滿意度。因此本
研究依據深度訪談，歸納出民宿結合區域觀光發展之民宿經營策略及區域
觀光策略，並將其重視度與滿意度進行重要—滿意度（**IPA**），藉以瞭解
民宿業者及顧客對民宿經營策略及區域觀光策略的重視項目及應優先改進
之關鍵項目，以提供相關決策供民宿業者、官方觀光發展人員作為行銷策
略制定之參考。

三、研究設計

本研究為獲得概念資料的最主要來源，首先透過與新社民宿業者的
深度訪談，深入瞭解民宿業者們在經營民宿時的經驗和想法。再藉由問卷
調查的方式，幫助本研究瞭解新社全體民宿業者對其問卷項目之重視度與

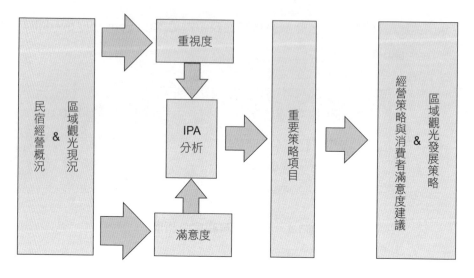

圖6-2　本研究架構圖

滿意度;另外再瞭解消費者對於入住新社民宿時之重視度與滿意度。透過此種研究設計,以達到質量並重的效果,即是以多元研究方法「主一輔設計」的一種方式,以質性研究為主,量化研究則扮演輔助角色,來輔助研究分析及說明。

　　第一階段:民宿業者深度訪談。本研究為瞭解民宿產業的業者對民宿結合區域觀光發展之民宿經營策略及區域觀光策略之看法及要求。因此,本研究第一階段進行民宿業者深度訪談,對象為新社鄉的民宿業者隨機訪談15家業者。訪談名單如**表6-2**所示。

　　第二階段:問項設計。本研究問卷評量工具採用李克特五點評量尺度之封閉式問卷。根據民宿業者的深度訪談,歸納出30題與民宿結合區域觀光發展策略相關之問項,如**表6-3**。

表6-2　深度訪談之民宿業者一覽表（15家業者）

代碼	受訪者	民宿名稱	訪談日期
A	許先生	龍安山莊	2011.11.03
B	黃小姐	木佃軒南洋渡假休閒民宿	2010.11.03
C	曾先生	森居慢活生態民宿	2011.11.04
D	潘先生	梅林親水岸民宿	2011.11.04
E	張先生	天籟園高品味休閒渡假民宿	2011.11.04
F	張小姐	荷蘭風情民宿	2011.11.04
G	鄧小姐	橄欖樹民宿	2011.11.05
H	陳小姐	花田庭園咖啡民宿館	2011.11.05
I	東婆婆	東離居民宿	2011.11.05
J	柳小姐	荔陶宛民宿	2011.11.05
K	詹小姐	喬木民宿	2011.11.05
L	董先生	風林谷民宿	2011.11.12
M	黃先生	神奇園溪岸咖啡民宿	2011.11.12
N	陳先生	日出映象 景觀‧民宿‧餐廳	2011.11.12
O	曾先生	水雲居休閒度假村	2011.11.12

表6-3　問卷施測之民宿業者一覽表（21位業者）

編號	受測者	民宿名稱
1	江先生	雲閒居民宿
2	鄧小姐	橄欖樹民宿
3	董先生	風林谷民宿
4	曾先生	森居慢活生態民宿
5	曾先生	水雲居休閒度假村
6	陳小姐	花田庭園咖啡民宿館
7	許先生	龍安山莊
8	張小姐	荷蘭風情民宿
9	黃小姐	木佃軒南洋渡假休閒民宿
10	柳小姐	荔陶宛民宿
11	詹小姐	喬木民宿
12	潘先生	梅林親水岸民宿

觀光餐旅 研究方法

（表）表6-3　問卷施測之民宿業者一覽表（21位業者）

編號	受測者	民宿名稱
13	黃先生	沐心泉民宿
14	張先生	新社七分窯・二月三日小林舍
15	張先生	天籟園高品味休閒渡假民宿
16	黃先生	神奇園溪岸咖啡民宿
17	東婆婆	東離居民宿
18	江先生	明秀山莊民宿
19	陳先生	日出映象 景觀・民宿・餐廳
20	楊先生	嵐春峰民宿
21	周小姐	彩繪之丘民宿

四、資料蒐集

　　本研究於2011年3月10日～4月27日間發放正式問卷，總計共發出業者21份、消費者200份，其問卷回收率業者為100%、消費者為93%，經剔除填答不完整與資料漏失之問卷，其有效問卷回收業者21份、消費者178份，無效問卷業者為0份、消費者為12份，至於有效問卷回收率業者為100%、消費者為96%，詳細如**表6-4**所示。

表6-4　研究樣本回收表

	發出問卷數	回收問卷數	問卷回收率	有效問卷數	無效問卷數	有效回收率
業者	21	21	100%	21	0	100%
消費者	200	186	93%	178	8	96%

五、結果

(一)深度訪談

本研究深度訪談新社鄉15家民宿業者，其訪談結果歸納彙整如下：

◆ 新社地區應有的基礎公共設施

總體而言，新社地區民宿業者希望地方政府能在道路及路線規劃上能改進，一些較偏遠地區的民宿，其產業道路行進起來相當危險，當然會影響到消費者來旅遊的意願；至於已來過的顧客都有反應標示不是很清楚，往往要找好久才能找到所訂的民宿，一路上路燈也是寥寥可數，前往山上的消費者其安全性值得探討。因此，新社地區的基礎公共設施可以先朝道路交通方面做改進。

◆ 新社地區的觀光行銷方法

要吸引消費者前往，這個觀光區必定要有其特色，而各民宿相異的風格也可以創造不同的吸引力。異業間的結盟不是帶來競爭，反而會替整個民宿地區帶來利益，而鄉公所也應幫忙行銷，不應讓各家業者各做各的，幫忙宣傳新社地區的美、各項旅遊產品，甚至推廣學校或公司行號來此觀摩，這都能達到行銷新社的目的。政府方面也可以多多鼓勵平日旅遊，舒緩假日人山人海的情景，這都是行銷的一些手法。

◆ 民宿經營業者應有相當程度的訓練

經營民宿並不是一蹴可幾的，如果政府單位能提供一些必要的訓練、定期開會討論等等，想必會有一定的收穫，而不是將民宿當成一營利事業，拚命賺錢，而且透過彼此間的交流，如此一來也能相互學習優缺點，這些多多少少在經營民宿方面都有些益處。

◆ 業者對未來發展之期望

如果民宿業者都堅持做自己的話，那此地區的觀光活動是活絡不起

來的，真的需要互相配合、幫助，不要只想著自己賺就好，應該是大家一起努力來共同分享其豐收的果實，這樣的效益也遠大於個人。也期望政府能多多留意觀光產業，將台灣行銷給全球知道，不要只想著狠狠撈陸客，眼光要放得更遠，將服務、印象做好，客源才會源源不絕，適當的規劃、管理和策略，也是提高消費者滿意度和重遊意願的主要因素。

◆新社地區土地利用上之建議

政府能規劃好一民宿發展的區域，不要導致新社地區最後跟清境地區的民宿一樣，做好總量管制相當重要。也希望政府能幫助業者合法取得土地，避免濫墾濫伐，減少不適當的開發。

◆業者對於現行民宿法規之看法

大部分業者認為政府應思考現行法規合不合宜，最大的問題是民宿房間數的問題，經濟規模以五間為限，不符合經濟成本，這是最大的阻力，平日幾乎無法經營，觀光局以農民家舍多餘房間出租，所以以五間為限。但農委會又一直在推廣民宿產業、改善農民生活，可卻又用法規限制，因此政府可以多省思這方面的問題，而且對於所擬定好的規定也應嚴格執行才是。

◆業者對於民宿經營現況有何改進之建議

異業結盟是該努力推動的目標之一，搭配不同的旅遊路線與種類，客人對於新社地區的興趣也就越大，而且民宿也能試著與社區做一結合，不僅提升生活品質，民宿的名號也可以以此為一宣傳點，順帶宣傳當地特產、促進地方收入等等。民宿能蓬勃發展，相對的遊客就會慕名而來，必然會刺激當地經濟的發展，也能同時打響新社的名號，大家如果覺得有興趣，就會來此觀光。腳踏實地，勿投機取巧才能長遠，服務為第一優先，建立起良好口碑才是最實際的宣傳方式。

(二)業者─重視度與滿意度分析表

根據受訪者對民宿結合區域觀光發展之策略重視度與滿意度比較發現，受訪者重視度之平均值介於2.57～4.81，民宿業者普遍認為民宿結合區域觀光發展之策略重要，除了「開發限地限量之民宿觀光紀念品」、「適度發展地方故事體驗民宿」低於3分外，其餘皆高於3分。如**表6-5**所示。

表6-5　業者─重視度與滿意度分析表

編號	問卷項目	重視度		排序	滿意度		排序
		平均數	標準差		平均數	標準差	
1	增加民宿地區之基礎公共設備	4.14	0.65	19	1.90	0.83	29
2	整合資源以建立行銷通路	4.19	0.75	16	2.43	0.68	11
3	有限度開發民宿發展區	4.19	0.60	16	3.43	0.60	2
4	提高民宿地區生活環境品質	4.76	0.44	2	2.38	0.74	12
5	有效結合地方社區發展	3.81	0.68	25	2.24	0.70	18
6	善用不同區域資源之特色	4.38	0.59	11	2.14	0.73	20
7	辦理教育訓練課程，輔導民宿地區旅遊服務業者	4.10	0.70	21	2.76	0.62	6
8	協助業者合法變更土地為遊憩用地	4.62	0.50	5	2.52	0.51	9
9	永續發展與國際接軌的概念	4.81	0.40	1	1.95	0.74	26
10	民宿整體之規劃／管理／策略	4.38	0.59	11	2.10	0.70	21
11	進行民宿周遭環境、景觀規劃	4.10	0.54	21	2.38	0.67	12
12	進行民宿地區區域性觀光資源與活動整合，以提供具區域特性之套裝行程	4.29	0.90	14	2.33	0.66	15
13	進行同業之策略聯盟，使有限之供給滿足最多之遊客需求	4.00	0.63	23	2.29	0.64	17
14	支持社區營造工作，發掘民宿地區之資源與特色	4.00	0.71	23	2.38	0.67	12
15	透過入口網站與鄉鎮公所協助民宿業者建立民宿觀光之行銷通路	4.57	0.51	6	2.05	0.67	23
16	訂立民宿觀光相關之明確法令	4.14	0.57	19	1.90	0.77	29

（續）表6-5　業者—重視度與滿意度分析表

編號	問卷項目	重視度		排序	滿意度		排序
		平均數	標準差		平均數	標準差	
17	呈現地方特色	4.52	0.51	8	2.00	0.63	25
18	將台灣轉型為觀光服務業大國	4.19	0.60	16	1.95	0.74	26
19	開發限地限量之民宿觀光紀念品	2.57	0.81	30	2.62	0.67	8
20	適度發展地方故事體驗民宿	2.81	0.87	29	2.48	0.51	10
21	提升台灣觀光發展之競爭力	4.71	0.46	3	1.95	0.67	26
22	與各級學校合作，推行民宿之戶外教學活動	3.57	0.60	27	2.67	0.48	7
23	鼓勵平日旅遊，分散民眾從事觀光之時間	4.57	0.60	6	3.10	0.62	3
24	注重總量管制，創造附加價值	4.43	0.60	10	3.62	0.74	1
25	將具地區性之資源，保持「原汁原味」，精緻化各類旅遊產品	4.48	0.60	9	2.24	0.77	18
26	發掘評估適當民宿發展之地點，減少不適當之開發	3.62	0.50	26	3.10	0.54	3
27	拓展民宿地方故事和地方特色體驗，吸引外國旅客	4.29	0.90	14	2.33	0.66	15
28	鼓勵、推行公司行號於民宿地區舉辦員工旅遊活動，接近自然	3.52	0.87	28	2.86	0.57	5
29	辦理教育訓練課程，培訓基層鄉鎮公所民宿推廣相關人員	4.38	0.59	11	2.10	0.62	21
30	厚植具「觀光性」特色之民宿相關活動，與其他旅遊活動競爭	4.67	0.48	4	2.05	0.74	23

(三)消費者對民宿服務屬性項目之重視度與滿意度

以下針對消費者對23題問項之服務屬性，執行IPA分析消費者對於民宿服務品質的重要度及滿意度，進而加強改進。經彙整消費者對民宿服務品質23題問項之滿意度與重視度平均值，及求其各自總平均值：重視度為4.02、滿意度為3.90。如**表6-6**所示。

表6-6 消費者對民宿服務屬性項目之重視度與滿意度

編號	問卷項目	重視度		滿意度		象限分類
		平均數	層級	平均數	層級	
1	備有停車位	4.31	高	4.16	高	I
2	民宿地點指示牌	4.27	高	4.00	低	II
3	提供電視等客房設備	4.30	高	4.20	高	I
4	提供廚房或炊具設備	3.46	低	3.69	低	III
5	提供私人浴室	4.47	高	4.28	高	I
6	人員臨時反應	4.24	高	4.03	高	I
7	服務客製化	4.15	高	4.03	高	I
8	顧客申訴管道	4.14	高	3.93	低	II
9	客房服務	4.21	高	4.06	高	I
10	建築外觀	4.05	高	4.01	低	II
11	景觀花園設計	3.99	高	3.90	低	II
12	環境氣氛營造	4.18	高	4.05	高	I
13	周遭風景優美	4.26	高	4.03	高	I
14	空氣品質良好	4.38	高	4.11	高	I
15	接駁服務	3.93	高	3.72	低	II
16	提供附近地區導覽圖	4.13	高	3.89	低	II
17	鄰近景點介紹	4.01	高	3.93	低	II
18	人文資源解説服務	3.64	低	3.66	低	III
19	提供代購特色美食	3.68	低	3.63	低	III
20	提供不同人文體驗	3.77	低	3.71	低	III
21	安排顧客多樣性活動	3.82	低	3.70	低	III
22	民宿成長背景分享	3.34	低	3.35	低	III
23	結合區域觀光	3.82	低	3.68	低	III
	總平均數	4.02		3.90		

資料來源：本研究整理。

六、管理意涵建議

(一)民宿產業結合區域觀光之策略擬定建議

　　本研究目的一在瞭解業者認知差異，對於民宿產業結合區域觀光之策略擬定，提供業者經營改善之建議，並希望能提供新社民宿業者參考，以促進新社地區民宿結合區域觀光發展。本節建議與策略如下：

◆ 新社地區應有的基礎公共設施

　　新社地區業者應與政府單位協調，在道路與路線規劃上能加以改進，且路標廣告需統一標誌，才能使前往山上的消費者安心且方便找尋民宿，因此，新社地區的基礎公共設施可以先朝道路交通方面做改進。

◆ 新社地區的觀光行銷方法

　　要有特色才能吸引消費者前往，而不同種類的民宿也可以創造出不同的吸引力。異業的結盟並不是帶來競爭，而是替整個民宿地區帶來利益，有各種不同的旅遊行程，就能吸引不同消費族群，而鄉公所也應幫忙行銷，不應讓業者各自為大，幫忙宣傳新社地區與推廣，甚至推廣學校或公司行號來新社戶外教學與觀摩，都能達到行銷新社的目的。業者們也可以多多鼓勵平日旅遊，不僅能紓緩假日人山人海的情景，更能填補平日的營運空窗。

◆ 民宿經營業者應有相當程度的訓練

　　經營民宿並不是一蹴可幾的，如果政府單位能提供一些必要的訓練、定期開會討論等等，想必會有一定的收穫，而不是將民宿當成一門營利事業，只顧其營收，而且透過彼此間的交流，如此一來也能相互學習優缺點、這些多多少少在經營民宿方面都有些益處。

◆ 業者對未來發展之期望

　　民宿業者應相互配合，相互合作，一起努力來共同分享其豐收的果

實。民宿是要長久經營的，不要為了眼前的利益，而壞了名聲，好的管理與經營，才能創造出源源不斷的客源，有長久的未來。

◆ **新社地區土地利用上之建議**

做好總量管制，並不是一昧的開發與促銷，要重質不重量，才能創造出最佳的休閒品質與美好的環境給大家，也希望政府能協助業者取得合法土地與合理開發。

(二)提升消費者滿意度

本研究目的二在於瞭解民宿所提供的服務是否真正滿足顧客的需求，以顧客的角度分析所得到的結果提供給民宿業者作為經營改善之建議，並希望能提供新社民宿業者參考，以促進顧客的滿意度可以增加，其建議與策略如下：

◆ **民宿業者可針對不同收入的遊客做住宿安排設計**

由本研究結果得知投宿者以學生居多，學生不像上班族一樣每個月都有固定的收入，零用錢大多以打工或是父母供應，簡單舒適便宜的住宿環境絕對是學生的首選，投宿者年輕化在將來可能是個發展趨勢，新社民宿業者可針對這些族群做住宿安排設計。

◆ **民宿業者可以適時宣傳地區文化**

由本研究可以得知提供不同人文體驗、安排顧客多樣性活動、結合區域觀光這三點是消費者認為較不滿意的部分，民宿業者也許認為提供休息的地方給顧客是他們主要的工作，因此對於觀光地區的部分會較少與顧客交談，但適時提供觀光景點給顧客做選擇，不僅可以讓顧客的遊覽地點增加，也可以讓顧客接觸到更多有關新社的文化。

◆ **加強新社地區的基礎公共設施**

新社地區的業者應與政府單位商量協調，在馬路與路線規劃上能加

以改善,且路標指示必須明顯及正確,才能使前往山上的消費者可以安心且容易找尋民宿及觀光景點,因此,新社地區的基礎公共設施可以先從道路及指示牌方面做加強改進。

◆加強服務人員教育訓練

服務品質的好壞會直接影響到顧客滿意度,因此,業者除了保持現有的服務品質,針對服務人員的教育與訓練更是整個服務品質提升的重點。服務人員應具有禮貌和豐富的民宿知識與專業素養,能關心顧客、瞭解與因應顧客的個別需求,關懷程度越高可獲得較高的滿意度,因此,可加強服務人員與遊客之互動,使遊客感受到較多的關懷。

◆提供多樣化的服務

民宿業者提供多樣化的服務較能滿足消費者的需求,所以可針對不同投宿對象提供不同的服務,例如:學生族群較具偏好刺激性活動,也較具備著冒險精神,民宿業者可設計安全的夜遊路線、舉辦營火晚會等活動。

第四節　角色扮演

一、腳本

兩位學生參與這角色扮演,可以在教室外或者在教室內練習。一位同學扮演A學生,另一位扮演B學生。請讀下面的劇本並選擇你自己的腳本。

A學生:我們的實務專題製作多數學長姐好像都跑統計為主,也就是量化研究為主,我們是不是也要以量化研究為主呢?

B學生:好像是喔!我看過以前系上的學長姐們的實務專題報告,幾

乎都是以量化為主。

A學生：最近我發現我們系上有一位老師指導的專題生是以質化為主，沒有跑統計，我統計不好，我想找這位老師可能比較容易呢？或許比較容易PASS？

B學生：根據我瞭解，質化研究雖不像量化研究需要用統計分析來驗證研究假設等，但它亦有一套研究方法驗證其信效度喔！

繼續延伸思考……

A學生：真是傷腦筋，不知道實務專題是要作質化或量化呢？

B學生：質化與量化研究各有其優缺點，不然質化與量化研究兩者都執行呢？

A學生：很不錯的想法！但會不會太困難呢？一年實務專題製作會不會執行不完呢？

B學生：我們可以請教實務專題老師，如果我們有意願在製作時採用質化與量化研究？

A學生：好主意，就這麼說定，我們下禮拜二上專題實務課時請教老師。

B學生：我想在去請教老師之前，我們應該將質化與量化研究的內容及優缺點先搞清楚。此外，我們也要思考一下，我們實務專題要做什麼？題目？研究問題？與目的？否則我們去問老師，若老師問我們相關問題，我們可能就無法跟老師討論。

繼續延伸思考……

A學生：對喔！還是你頭腦比較清楚。能夠跟你同一組作專題真是我上輩子有燒好香。感恩喔！

B學生：上禮拜我聽了一個有關台灣會展會議（MICE）的演講，我覺得很有趣且也是台灣未來發展的重要產業，故我們的實務專題或許可以可慮喔！

A學生：好喔！我上次去國際觀光飯店，有看到外國人來參加好像是

　　　　醫學會議，所以我覺得MICE議題不錯喔！
　　B學生：我們一起來思考下面問題……

二、討論

　　1.請說明質化與量化研究的內容及優缺點？
　　2.請至圖書館或博碩士論文網站碩士論文或系辦室實務專題報告，並
　　　列舉三個跟會議會展（MICE）有關的議題，如人事管理、行銷問
　　　題等。

貼心叮嚀

　　哪一種研究方法比較好？這種問法是沒有意義的。方法本身並不具有絕對的優先性，只有知道研究問題之後，才能夠用比較不同方法的適切程度。

　　量化研究雖有一套頗為成熟的研究過程與工具，但是其實做起來並不容易。如研究進行關於夜市的訪談，想知道受訪者逛夜市的頻率，受訪者回答說：「有去就有去，沒去就沒去」（台語）。這個回答非常傳神的描述了受訪者與夜市的關係。可是如果使用的是標準問卷調查，問項可能是經常、偶爾、不常，或是天天去、一星期一次、一個月一次。無論任何一個選項都無法描述上述訪問者逛夜市的經驗（畢恆達，2005）。

Chapter 7

技術性實務專題製作

　　本章實務專題製學生可選擇以技術性實務為主。近年來，入學管道非常多元，從技優保送、技優甄審、甄審入學、登記分發以及體育技優生等等，有些同學是以考試成績進入大專院校，而有一群同學是從高職的技藝競賽或是獲得乙級檢定，透過技術面的優異成績，進入科技大學。而以往部分技優同學上了大學後，往往被忽略了他們的才能，在科技大學中無法讓他們重拾技藝，因有很多學校的專題製作大部分還是以理論的專題製作為重，而技術實務為專題製作的相對較少。因此，本章節主要透過技優生對於科大專題製作的期待與想法，首先介紹技術性實務專題製作，接著為技術性實務專題製作的專業知識準備及技術性實務專題製作的準備及最後的角色扮演。

 ## 第一節　技術性實務專題製作

　　本小節將介紹技術性實務專題製作的目的及程序，說明如下：

一、技術性實務專題製作的目的

　　目前我國相關觀光餐旅休閒科系之大專院校，大部分有規劃實務專題課程，希望同學在大學教育的所學，以實務專題呈現，亦可以技術實務操作呈現，例如：畢業成果展、參與競賽等等。藉由實務課程，可提升同學們的學習成效，增加同學未來進入職場之競爭力。讓同學可以透過團隊的合作，學習領導以及管理能力。具體而言，技術性實務專題課程設計的目的，如下幾點：

　　1.鼓勵同學積極投入專題研究，培養創新思考模式，以提升學術研究能力以及實務發展技能，培養學生溝通與整合之能力。

2.鼓勵師生發揮創意，展現績優技術性實務專題製作成果，提升技專校院教學與研發能量，以彰顯校系教育特色，使產業界及民眾對技專校院特色有更深入瞭解。

3.增進大專院校學生與業界交流與溝通之機會，建立學生對產業與實用技術之瞭解，縮短未來學生就業之落差，為業界培育未來之人才。

二、技術性實務專題製作的程序

雖然大專院校之專題實務規劃為一學年課程，而技術性實務專題則可以由每一學年規劃不同領域之課程，循序漸進的學習，讓同學選擇以休閒產業、旅館業、餐飲業或旅運業等經營管理知識面學習，另一部分則以技術面的學習如調酒、咖啡拉花等等專業技能，培養專精技術，課程規劃則以進階式課程，漸漸提升難度，讓同學擁有專業技術而不是半吊子的水準。技術性實務專題製作，主要希望將科技大學所學之技能透過有系統且以學術科學的方式呈現其技術學習的成果。例如設計一份創意菜單，為畢業成果展現之作品，最終再提出成果報告書以及畢業成品，透過產業界以及專業教師們一同評比，讓同學學習兼具理論與實務的訓練，方可順利完成畢業專題。相信技術性實務專題多元呈現，將成為技術大專院校觀光餐旅休閒科系實務專題的趨勢。本章節會以製作模擬流程圖，讓同學有初步的概念。**圖7-1**為簡單之製作流程圖，提供同學參考依據。

三、技術性實務專題製作的準備

技術性實務專題製作比起實務專題來得生動活潑，讓同學以「做中學，學中做」的模式，可兼具理論與實務的教學，也讓同學更可以發揮創

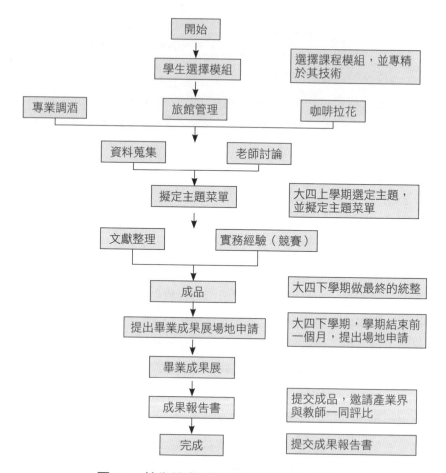

圖7-1　技術性專題實務製作模擬流程圖

意與思維，不同於根據數據作檢測與判斷其結果的方式，透過技術性專題
製作，可研發新產品，提升學生的技術學習興趣及學習成就感，專題製作
初步的準備有以下三點：

1.選擇課程模組：做任何一件事都要找自己喜歡的，選擇自己的專長
　可以讓同學的技術更精益求精，如煮咖啡課程、專業調酒、咖啡拉

花等課程模組，提供同學選擇。

2. 學習過程：技術就是熟能生巧，唯有重複練習，或是觀摩他人的表現，讓自己不斷的精進，也透過課程的規劃，讓同學進階學習，並且從學習中找尋創意，進而對於往後的畢業成果展提出想法，將產品改良創新才是學習最大的收穫。

3. 選定主題：將學習近三年的專長，提出一個主題性的作品，例如：學習專業調酒的同學，可以做一個花式調酒的表演，並提出自己所調配之創意調酒；旅館管理的同學，可以做一套客房服務，讓貴賓與老師享受尊貴的服務；咖啡拉花的同學，則以三種不同方式（直接注入法、立體拉花法、創意雕花法）呈現創意拉花之圖樣，發揮創意想法，讓平凡的咖啡，化身成藝術品。

四、技術性實務專題製作的進行

選定主題後，需要蒐集相關資料並且進階延伸專業技術，分為兩部分，但同時進行。相關資料可透過圖書館書籍以及相關技術工具書查詢所需資料；而延伸專業技術，可透過學校安排之課程，進階學習精進專長，並且加入理論概念，讓主體結構可以更明確，也可以使同學學習理論與實務的應用。

五、技術性實務專題製作之評量

技術性專題評量方式相較於實務專題顯得更客觀，不僅僅由指導老師評量，可透過產業界主管以及參與的專業教師們一同評比，讓學術與技術共同評分，以達客觀與實務性的建議。評量方式可分為平時技術考核、畢業成果展考核、成果報告書考核三項評比。

1. 平時技術考核：透過平常的訓練，課程的出缺席率、參與討論度、溝通與合作態度等各方面由指導老師做評量。

2. 畢業成果展考核：經由同學學習最後的成果，以畢業成果展方式呈現，邀請產業界主管以及專業教師們一同參與，並且給予評量，讓同學從中收穫新思維，並且與產業界接軌。

3. 成果報告書考核：藉由同學蒐集的相關資料以及製作的過程，以文字與圖片的方式呈現一份完整的報告書，也可訓練同學的資料彙整能力，所學理論與實務並兼，讓同學擁有完整的組織架構撰寫能力，再由指導老師與評委做最後的評量。

 **專欄　學生參與科展競賽甘苦談**

一、創新思維，找尋契機

　　全國科展的製作過程就如同技術性實務專題製作，但是它是以競賽的模式做評比，並且需要透過校內甄選代表出賽，接著於分區賽中獲得第一名資格，最終再與全台各地分區的第一名相互競爭。

　　起初，我覺得全國科展距離我非常遙遠，因為不喜歡化學實驗的我，為了自己的未來升學之路，不得不硬著頭皮撐到最後，最終才發現原來這一切並不難，只要設定努力目標，且培養興趣，還有努力不懈的精神，雖然一路上的爭吵及失敗的實驗，都重重的打擊我們的信心，但我們擁有堅忍不拔的毅力一直扶持著我們，最終都會擁有甜美的果實。

　　這個競賽可以啟發同學們的創新思維，從生活中找尋靈感，設想以最節省成本及尋找最合理的資源如材料等，經過一年的摸索研究，從文獻蒐集到實驗過程，都是需要費盡心思，甚至不論白天夜晚指導老師沒日沒夜的一直陪伴著我們，直到實驗成功為止！真的不得不說，雖然研究的路非常艱辛，但必須要有組員們的分工合作以及指導老師給予的協助，才有機會做到最完美。

二、努力不懈的過程才是成功的基石

回想起製作全國科展時的我,我們歷經了更換組員的窘境,也面臨了無法實驗成功的作品,一度讓我感到灰心喪志,不過還好指導老師的堅持,我們又重新回到軌道上,實驗沒有不能成功的,只是需要我們花更多的時間與精力,重新找尋新的發現,最後苦盡甘來,結果讓我們感動不已。

從什麼都不懂到清楚瞭解科展的意義,努力的過程中我學習到非常多,不管是團隊的領導能力、專業領域的認識以及做實驗努力不懈的精神,都讓我記憶深刻。擁有良好的團隊合作才值得擁有最高榮譽,許多事不是光靠一個人就可以完成的,唯有團隊的分工合作,才可以擦出更多的火花(即多樣的想法);專業知識是必要的能力,不論做任何的研究或是學習專業技能,我們都必須擁有專業知識的基礎,才可以順利的進行;最重要的就是必須擁有堅忍不拔的毅力,做研究是一條漫長的道路,一路上一定都會遇到許多困難,我們要以有效的方法解決,不管會不會失敗,還是都要勇於嘗試,這樣才可順利的完成研究,才不會枉費自己花費這麼多的時間在這份研究上面,我的理念就是——要完成一項研究,就算再累再苦,我也會咬牙撐過,盡自己最大的努力,做到最好。

三、必勝之道

人生的旅途上,會遇到重重困難,但只要心念轉個彎,困難就會迎刃而解,每當遇上困難,別急著逃避,要相信自己的能力,凡事都可以順利解決。就像是製作科展的期間,有實驗失敗的時侯,也有卡關的時候,如果就此放棄不就前功盡棄了!所以我們還是要堅持到最後,勝利的火炬就在前方。

多虧這次的參賽經驗,讓我成長許多,也觀摩了許多學校的作品,大家都是有備而來,將自己在高中所學習的專業,透過科學展覽的競賽,見證所學的專業知識以及一年多來的心血,為自己畫下一個完美的里程碑。

 ## 第二節　技術性的專業知識準備

本小節將介紹基本的咖啡常識與專業知識，以及咖啡的優缺點。

一、咖啡介紹

以下介紹咖啡的一生，從播種至採收，有咖啡花、咖啡果實，以及咖啡製作過程、處理方式、焙炒程度及咖啡沖泡的七大要素等。

(一)咖啡的一生

咖啡開的小白花會散發出茉莉般的香味，受粉後經過數月就會開始結果實，一開始堅硬為綠色果皮，成熟後慢慢變成黃色，最後轉變為深紅色，成熟果實的顏色、形狀都與櫻桃相似，因而被稱為coffee cherry。咖啡從播種到結果約三到五年就可以順利採收了。

咖啡花　　　　　　　成熟果實　　　　　　　黃金咖啡

圖7-2　咖啡花及咖啡豆

(二)咖啡製作過程

　　採收咖啡豆後,有兩種處理方式,可分為乾燥法(日曬)和水洗法。

1.日曬法為最原始的方法,在果實成熟後立刻採收,鋪放在平坦的空地上,每天用耙掃過幾次,使咖啡豆可以乾得比較均勻,之後經過二至四星期的風吹日曬,就可製成,但切記一點就是要注意天氣,必須連續晴朗,否則容易腐爛、發酸,並散發出難聞的氣味,破壞了咖啡的香味。

2.水洗法是將採下的果實放入水槽內浸泡二至四小時,柔軟果肉,以果肉機將果肉打掉,然後在將種子浸水二至四小時,使殘留的果肉發酵並完全掉落,乃得乾淨的種子,這就是粗咖啡,再以日光或人工烘乾,使用機器或人工去掉銀皮與隔層就可得到調製咖啡豆了。

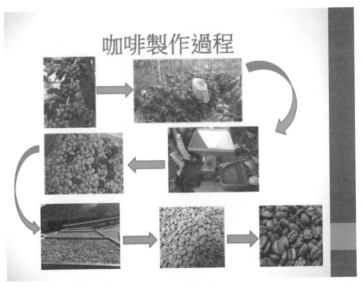

圖7-3　咖啡的製作過程

日曬法　　　　　　　　　　　　水洗法

圖7-4　咖啡的處理方式

(三)咖啡焙炒程度

烘焙過程會產生一連串複雜的化學變化。經過大約十五分鐘的烘焙，綠色的咖啡失去濕度，轉變成黃色，然後爆裂開來，就像玉米花一樣。經過此一過程，豆會增大一倍，開始呈現出輕炒後的淺褐色。這一階段完成之後（大約經過八分鐘的烘焙），熱量會轉小，咖啡的顏色很快轉變成深色。當達到了預設的烘焙度數，有兩種方式可以用來停止烘焙，可用冷空氣或於冷空氣後噴水兩種方式來達到急速冷卻的目的。

烘焙程度主要分為四大類：淺（light）、中（medium）、深（dark）和特深（very dark）。

1.淺焙的咖啡豆（淺褐色），會有很濃的氣味，很脆，很高的酸度是主要的風味和輕微的醇度。

2.中焙的咖啡豆（淺棕色），有很濃的醇度，同時還保有大部分的酸度。

3.深焙的咖啡豆（深棕色表面上帶有一點油脂的痕跡），酸度被輕微

Light Roast（極淺焙）　Cinnamon Roast（肉桂烘焙）　Medium Roast（中焙）　High Roast（中深焙）

City Roast（城市烘焙）　Full City Roast（全都會烘焙）　French Roast（法式烘焙）　Italian Roast（義式烘焙）

圖7-5　咖啡焙炒程度

　　的焦苦味所代替，而產生一種辛辣的味道。

4.特深焙的咖啡豆（深棕色甚至黑色表面上有油脂的痕跡），含有一種碳灰的苦味，醇度明顯的減低。

(四)咖啡沖泡的七大要素

1.新鮮：新鮮的咖啡豆保有最香濃迷人的風味，是一杯好咖啡的生命。經烘培四週，咖啡可能只剩下原有風味的50%，而研磨後的咖啡最佳品嚐期在一週以內。

2.研磨：根據沖煮器具調整合的適研磨粗細，才能將咖啡豆的風味完美呈現。在可行的情況下，應盡量在沖煮咖啡前才研磨咖啡豆，如此可延緩其氧化速度。

3.溫度：一般而言最適合沖煮咖啡的溫度在88～94℃之間。水溫過高煮出的咖啡會有焦雜味；水溫太低咖啡會沖煮不均勻又不易萃取出

咖啡的風味。

4.水質：水是一杯好咖啡的靈魂。即使是簡單的濾水壺，也要去掉自來水中許多不好的物質，替一杯咖啡增色不少，但要避免使用蒸餾水，如果所在處所自來水品質不佳，使用乾淨的山泉水也是個理想的方法。

5.沖煮法：咖啡的沖煮方式會因不同的器具而有所差異，即使用同一種咖啡豆及同一種器具，不同的沖煮方式，所呈現的風味也有很大的變化，這也是咖啡文化迷人之處。

6.器具：保養好使用器具，也是沖煮出一杯好咖啡的必要條件之一。沖煮過程中所使用過的器具，必須立刻清洗乾淨，放在通風的地方，保持乾燥。

7.時間：正確地掌握沖煮時間，才能得到一杯美味的咖啡。沖煮時間過長，咖啡會變苦，且會釋放更多的咖啡因。

總而言之，咖啡豆的數量，決定杯量。咖啡的風味，取決於研磨的粗細。水量，決定咖啡的層次。咖啡的口感，取決於不同的沖煮器具。

(五)咖啡與健康

◆咖啡的優缺點（咖啡與健康，2018）

美國麻省理工學院的神經內分泌學家理查渥特曼和他的同事指出，咖啡可以提神，是在於它能抑制令人精神不振的某種腦部化學物質。根據研究，每天喝100～200毫克咖啡因，就足以提神，且對身體無害；研究也發現，就一般人來說，早上和下午各一杯咖啡，提神效果最好，超過這個量，不但不能達到提神功效，還會令人感到焦躁不安。飲用過多的咖啡，也會導致鈣質的流失，對於年長者，尤其是中老年婦女，更是骨質疏鬆的一大威脅。每天兩杯或兩杯以上的咖啡，會增加約50%的骨折機率，

令人忧目驚心，專家認為年長者喝咖啡，一天一杯最安全。

根據咖啡與健康（2018）報導，關於咖啡對人體的好處與壞處，歸納如下：

1.過濾的咖啡比較不會增加膽固醇，而喝咖啡雖然會稍微增加一點壞的膽固醇（LDL），但同樣也會增加好的膽固醇（HDL）。

2.咖啡對大約三分之一的健康人，會有刺激排便的作用。偶爾排便不順暢時，喝杯濃咖啡，會有意想不到的通便效果。

3.咖啡可降低帕金森氏症的發生率。

4.腹瀉時喝咖啡，咖啡的利尿作用，會促使體內水分的排出而加重腹瀉。

5.咖啡會刺激膽囊收縮，有膽結石傾向的人嚴禁喝咖啡。

6.咖啡喝太多，孕婦容易導致自然流產。

7.咖啡裡的咖啡因，可以抑制哮喘。當哮喘發作，緊急時可以給患者喝兩杯濃咖啡，因咖啡有支氣管藥物的功效。常喝咖啡者較少氣喘。

8.咖啡還可以消除憂鬱，提高性慾。

總之，咖啡有其優缺點，但如何蒙其利而避其害，就看你的身體狀況及分量拿捏了！

◆ 如何健康喝咖啡（咖啡與健康，2018）

喝咖啡要選時間，且控制飲用量，嗜菸、嗜酒或懷孕授乳時應戒之。醫界研究指出，每天喝咖啡最好的時間是：夏秋季的下午四至六時，冬春季下午三至五時，因為這是人體最疲憊的時刻。要健康喝咖啡，還須留意以下事項：

1.每天喝五杯（每杯約150cc.）以上咖啡，即容易造成上癮危及身體健康。

2. 喝了咖啡約十至十五分鐘，即有提神醒腦的作用，所以睡前不要喝咖啡，以免失眠。

3. 早晨喝咖啡的確有助頭腦清醒、精神抖擻，但須先吃早餐才能飲用，否則易傷及腸胃。有胃及十二指腸潰瘍的人，尤應避免空腹喝咖啡。

4. 喝咖啡後，不能馬上抽菸，否則容易對心臟造成危害。

5. 酒後不宜喝咖啡，否則會更刺激血管擴張、加快血液循環，增加心血管的負擔。

6. 咖啡因也會透過胎盤吸收，進入胎兒體內，危及胎兒的大腦、心臟，故孕婦應戒之。

7. 咖啡因也會隨乳汁被嬰兒吸收，所以授乳期婦女應戒之。

8. 勿喝太濃的咖啡，否則會使人變得急躁且理解力減弱。

9. 喝咖啡最好加牛奶，以緩和對胃的刺激，但要控制糖的攝取量，以免發胖。

第三節　技術性實務專題的進行

選定好未來所要呈現的主題，進一步就是開始準備並且進行相關技術性的訓練，「好的開始就是成功的一半」，接下來，本章節即為同學介紹如何準備技術性實務專題製作，從平時的練習到如何準備參與競賽，以及籌備畢業展之規劃——以咖啡拉花專長準備為主。

一、準備第一步——興趣

做任何事物時，興趣是需要具備的，凡是有了興趣就可以擁有動力

向前邁進。我們必須對選擇的專長感到興趣，即可培養未來的發展性，更可以激發創意思考力。

二、準備第二步──設備與材料的準備

(一)咖啡豆的選擇

挑選深焙義式綜合豆或是重深焙咖啡豆，使得咖啡萃取液較為濃醇，而在作圖的呈現上，越深的油質，可呈現的圖樣對比度越高。

(二)牛奶的選擇

牛奶的選擇也就是對牛奶乳脂肪的選擇。現在市面上有三種牛奶：

1.一種無脂牛乳，脂肪含量小於0.5%。
2.一種是低脂牛乳，脂肪含量介於0.5～1.5%。
3.一種是全脂牛乳，脂肪含量大於3%。

通常拉花用的牛奶是脂肪含量在3%左右的全脂牛奶，因為脂肪越少的牛奶，打出的奶沫越硬，而我們想要的是順滑的奶沫。

(三)咖啡杯的選擇

1.杯口的大小：杯口表面積大的有利於拉花，拉花圖案能有很好的呈現。所以杯口大的杯子使得整個圖形更加的舒展和飽滿。
2.容積的大小：容積大的咖啡杯除了在表面積或杯口口徑方面占有優勢外，大容積的咖啡杯也能在牛奶的注入過程中更好地讓牛奶與咖啡融合，以得到一杯口感融洽的牛奶咖啡。反觀容積小的咖啡杯，因為本身容積小，在製作過程中要始終控制在細小的流速，否則會因為流速過快而導致來不及製作拉花。

3.杯子的高矮：低矮的杯子比高的杯子會更好出圖；杯子越高，牛奶注入的重力勢能越大，越容易把咖啡表面的Crema給沖散。當你仔細觀察咖啡師在製作拉花的時候你會發現，他們會盡量把奶缸靠近液面，使奶缸與咖啡液之間的角度盡可能縮小，以便於奶泡的順利流出。

4.杯底的弧度：杯底有弧度的比較容易有圖案；馬克杯的杯底比較平整，當我們傾斜咖啡杯的時候，夾角∠ABC小於夾角∠DEF的，這種結構使得Crema在ABC的表面積更小，而Crema在夾角∠DEF的面積更大，同時當我們注入牛奶在E點偏F點位置時（黑色區域），因為坡度比較緩，這樣就不容易使得牛奶反沖到表面。所以有弧度杯底的咖啡杯更容易製作拉花（**圖7-6**）。

5.杯子的厚度：薄壁的咖啡杯一是不容易保溫，二是確實不太適合用來拉花。一般常見的拿鐵杯的杯壁厚度在3～5mm左右，而薄壁的咖啡杯的杯壁厚度往往只有1～2mm，咖啡師在拉花過程當中，為了保證咖啡杯的穩定，正確的姿勢是把整個咖啡杯環握在手掌中。

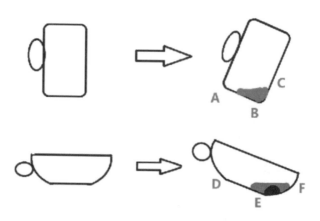

圖7-6　咖啡杯的選擇

咖啡拉花必須準備許多設備，如**表7-1**所示。

表7-1　咖啡拉花的基本設備與概念

設備／材料名稱	數量
半自動義式咖啡機	1台
磨豆機（定量／手動）	1台
咖啡拉花鋼杯	不定（2～5個，依個人喜好）
咖啡專用杯（240～400ml）	2個（練習可多準備）
義式咖啡豆（混豆）	1磅／包（約製作40杯咖啡）
牛奶	依練習數量（936ml／瓶）
溫度計	1支（初學者需要）
雜項（抹布、刷柄、雕花棒等等）	隨時備用

具備以上設備與材料即可開始進行咖啡拉花的學習，更進一步認識咖啡拉花並且開始基礎學習。

三、準備第三步──學習過程

開始可以進行技術實作的訓練，為了節省成本，一開始學習咖啡拉花時，可以先利用水作為練習，熟悉牛奶與咖啡融合的感覺，並搭配手部的晃動與節奏的配合，形成水波，可以感覺拉花的紋路，以水取代牛奶是最節省成本的方式，也可以使學習更快速的進步。

咖啡拉花基本功的練習，是初學者或從業者，甚至是資深的咖啡師都是十分看重的一項技能提升方法。什麼是基本功呢？大致歸納如下：(1)奶沫、處理練習；(2)選點、注入練習；(3)融合、晃動練習；(4)缸嘴、上下練習；(5)導流、前傾練習；(6)控流、擺動練習；(7)直線、收尾練習；(8)構圖、組合練習。

這些基本功的練習，可以使用清水或者傳說中的「二奶」來進行，

如同健身一樣分組系統地訓練。

　　熟習手感後，可以使用牛奶進行咖啡拉花的製作，最基礎的圖樣為心型，咖啡與牛奶融合後，於杯子的中心處定點注入（無須晃動），即可呈現一個完整的實心，慢慢地即可進階學習，拉製出葉子亦或是其他特殊圖樣，讓同學們發揮想像靈感。

　　咖啡拉花可分為四大方式，分別為：直接注入法、立體拉花法、手繪雕花法以及篩網拉花法，下面將介紹四種咖啡拉花的器具、作法及應注意事項（**表7-2**）。

表7-2　咖啡拉花的器具、作法及應注意事項

方式	器具	作法（實際步驟）	應注意事項
直接注入法	咖啡杯、拉花鋼杯	打發奶泡以鋼杯作圖，無須其他器具輔助	奶泡溫度約介於50～60℃
立體拉花法	咖啡杯、拉花鋼杯、雕花棒（亦可搭配食用色素作圖）、圓湯匙	打發奶泡先以鋼杯作基礎圖樣（心型亦或是葉片），再以雕花棒與圓湯匙作立體雕花	需要打發奶泡至65℃，使得乾奶泡可以作立體圖樣
手繪雕花法	咖啡杯、拉花鋼杯、雕花棒	打發奶泡先以鋼杯作基礎圖樣（心型、葉片亦或是組合圖樣），再以雕花棒點綴圖樣	奶泡溫度約介於50～60℃
篩網拉花法	咖啡杯、拉花鋼杯、篩網圖樣、可可粉或是肉桂粉	打發奶泡先以鋼杯作基礎圖樣（心型或圓形），再利用篩網圖樣灑上可可粉或肉桂粉	奶泡溫度約介於60～65℃

資料來源：本研究整理。

　　最具挑戰性的拉花技巧為直接注入法以及手繪雕花法，都必須學習基本的晃動注入牛奶，手繪雕花必須富有美感天分，利用基本注入法再搭配雕花表現，呈現作圖的風格，是具有難度的。通常直接注入法的圖樣最為簡約，可製作動物以及一般對流圖樣（例如開底鬱金香、玫瑰等），而手繪雕花圖樣較為繁雜，可做更有意境的圖樣亦或是需要雕繪的動物圖樣皆可。咖啡拉花可分為四大方式的圖樣，如**圖7-7**所示。

直接注入法

立體拉花法

手繪雕花法

篩網拉花法

圖7-7　咖啡拉花圖示

資料來源：咖啡拉花學習方法、咖啡與牛奶的完美邂逅；〈最新IG爆紅咖啡館 立
　　　　體拉花超療癒〉，MOOK景點家編輯部整理報導，圖片來源繪咖啡。

學習一定會有失敗或失落的時候，但選擇自己的專長，就必須堅持到最後，因此快樂的學習才會帶來往後最大的效益。各模組的課程安排都是由理論套入實務課程，因此培養同學的基礎知識使得在實務的操作上可以快速上手。並且讓同學以「做中學，學中做」的理念，使同學可以更有趣且快樂的學習。

同學從學習中找尋靈感，並且精益求精，將自己的所長發揮到最好，透過創意的思維在未來畢業成果展可以有亮眼的表現，從中我們也培養同學的獨立思維與創新研發的概念，讓新的事物不會因為時間的流逝而汰換，時時保持新的創新思維，才可使得產業界永續發展。

四、準備第四步——參與競賽的準備

(一)參賽訊息與報名資格

競賽的公文或是訊息會於競賽的前一至三個月公告，業餘競賽公告於相關單位所創立的粉絲專業中公布競賽訊息；而各大專院校所辦理的拉花競賽即發放公文訊息於各級學校單位同時公告於辦理學校官網或相關協會等，供指導老師與同學參考。

(二)參賽前的準備

做足準備，為了展現同學所學的成果，可進一步參與競賽，不論是業餘的競賽或是校園所舉辦的拉花競賽，都是讓同學表現的機會。學校所練習的咖啡機以及使用的牛奶不一定會是在競賽中同一機型或是同一品牌，因此同學只能熟悉平常練習的手感以及瞭解自己每次打發奶泡的感覺，呈現穩定的狀態，但有一點需要注意，可多留意咖啡機機型的蒸氣量與打發奶泡的質地，這必須靠熟能生巧以及練習經驗的累積。每一場次的競賽規則不同，必須留意競賽規則，以免喪失資格，例如：咖啡杯的容量

規定、圖樣的呈現方式（不可雕花）等等。

(三)參賽時應注意事項

比賽的心情一定都會緊張，克服緊張的方法就是多多增加同學的臨場感，例如：練習拉花的同時，可以站在同學或老師的前方製作咖啡拉花，這樣是在營造一個比賽的現場，從平時開始訓練，相信緊張程度一定可以降低許多，不妨試試這個技巧吧！現場會再次重複競賽規則，如果對於規則有所疑惑，務必在現場提出問題，競賽開始絕不得有異議。可詢問是否可試萃咖啡液以及試打奶泡等等相關問題。

(四)成品的展現

比賽是個相互切磋的戰場，總會有輸贏，所以我們需要平常心看待，盡自己最大的努力將比賽比完，無論結果好壞，同學都需要面對。每一次的比賽都有值得學習的地方，加強同學不足的地方，是為了下一次的進步。競賽更可以與志同道合的朋友相互交流練習狀況，並且開拓同學的

圖7-8　校園拉花競賽現場

眼界。參與競賽，可以參考其他選手的作品，回到校園再做技術上的修改，可增加同學發揮創意想像的空間。

　　總結以上，技術性實務專題製作的準備，雖然不需要像實務專題製作來得繁瑣，但講求的就是技術與專業，同時也兼具了理論的概念，可以展現個人特質及專業表現，並且可多元學習各項專業，使得大學課程中，有專業的技藝課程，也讓技職體系升學的同學有發揮所長的地方，讓實務專題不再讓同學覺得苦惱，而是讓同學感到非常有興趣，進而認真地為自己的畢業成果努力。

五、成果報告書製作

　　技術性實務專題製作在技術層面可以培養同學的專業知識、思考邏輯以及創意發想之能力；實務層面上可以培養同學處理事務的問題以及訓練同學研究報告之撰寫能力，並且兼具技術與理論之專業。技術性實務專題製作的進行可分為三項：蒐集相關資料、專業技術的說明以及實務經驗分享。

(一)蒐集相關資料

　　主題選定後，必須要有文獻的支持，因此可以透過蒐集相關資訊來提升同學對相關專業領域的瞭解，並且從書籍或網路資料中，找尋到新技術或是新巧思，激發同學的創意靈感。可多閱讀報章雜誌、食譜書籍以及相關專業技術工具書，也可以多瀏覽網路資訊以及烹調餐飲之影片，進而提升同學技術專業並提出擬定之創意菜單。

(二)專業技術的說明

　　透過課程讓同學進階學習專業技術，一方面提升同學的專業能力，

另一方面則是提升同學的職場競爭力。例如：咖啡拉花課程可以由簡單的咖啡認識到打發奶泡，熟悉之後，可透過不同技術進階練習拉花技巧，從簡單的雕花法進而立體雕花法，這需要稍微富有藝術天分，方可讓圖樣更完美，而最不容易的則是直接注入法，必須熟能生巧不斷地練習，因此也會消耗較大的牛奶成本。

(三)實務經驗分享

技術光憑藉學校的課程是無法前進的，必須結合業界的媒合，提供同學學習的環境，並且讓同學不成為井底之蛙，因此推動同學參與業界的實務經驗體驗，精進同學的技術實力，進而在最終的表現可發揮淋漓盡致的專業。

透過參與競賽，提升學生能力，並且累積學生的學習與競賽經驗，將作品製作成成品集，以利於傳承給學弟妹的範本。

六、技術性實務專題製作之評量

技術性專題製作必須提出畢業成果展之作品以及成果報告書，而成品的試做與調整可作為平時的考核評量。最終成品於畢業成果展給予產業界業者與參與教師一同評比。最後再提交完整之成果報告書。

(一)平時技術考核

透過平時的配方調整以及參與的積極度，作為平時的考核，並且擬定一份創意菜單，與協助的教師一起討論修改，也激發教師與同學間的創意思維，讓成品有多元化的表現，即作為平時考核的參考依據。

(二)畢業成果展

　　同學將於學期結束前兩個月向學校提出畢業成果展之場地申請,並且邀請產業界主管以及系上任課教師一同參與畢業成果展,並且一同評核,也讓學校與業界接軌,簡單的茶敘交流,讓同學們開闊視野,作為未來進入職場的競爭力。評分標準會依據同學的技術表現與創意思考為主要評分依據,擁有好的實力與技術,還需要結合創意靈活的思考,讓產品以及技術層級更豐富多元。

表7-3　咖啡拉花評分表

XXX科技大學○○○系咖啡拉花畢業成果展	
評分項目	分數
圖形完整度（10%）	
乾淨度（10%）	
圖形對稱（10%）	
圖形困難度（15%）	
奶泡質地（20%）	
圖形創意度（20%）	
整體美感度（15%）	
合計總分	

七、成果報告書

　　於畢業成果展發表結束後,將平時所整理的文獻以及製作過程的配方更正等等,整理為成果報告書,並提供學校留存。成果報告書格式範例如表7-4。

　　最後將作品裝訂成冊,依照各系提供之範本,製作完成,繳交至系辦公室即可完成技術性實務專題之畢業門檻。

表7-4　成果報告書格式範例

XXX科技大學○○○系術實務專題
成果報告書

系別：休閒○○系／觀光○○系
組別：咖啡拉花
作品名稱：
關鍵詞：至少三個Keywords
目錄：需編輯頁碼

摘要

將同學研發之創意作品，做一個說明並將表現理念傳遞給讀者，並附上最終成品之圖像。

正文內容

壹、研究動機
貳、研究目的
參、研究材料及設備
肆、研究過程與製作方法（包含文獻整理）
伍、研究結果與討論
陸、結論
柒、參考資料

 第四節　角色扮演

　　藉由技術性實務專題的製作，可以增進同學們的專業技術，而在一些專業表現上，需要團隊的合作也可以提升同學的領導能力，讓同學們發揮所長，因此也可以透過角色扮演練習的形式，讓同學更快進入主題。

一、腳本

　　兩位學生參與這角色扮演，可以在教室外或者在教室內練習。一位同學扮演A學生，另一位扮演B學生。請讀下面的劇本並選擇你自己的腳本。

A同學：最近去咖啡廳喝咖啡，都覺得拉花好美唷！剛好學校也有專業課程，我想來練練這個專長，一方面也增加自己的專業技術，一方面在畢業的技術專題製作就開一間特色創意咖啡廳，且以咖啡拉花的技巧作為主題。

B同學：這是個好主意，可以依自己興趣的領域作為專題主題，我想這是一個很棒的發揮空間，更可以學習到專業技術。

A同學：好唷！那我們就慢慢蒐集資料，瞭解一下咖啡拉花的技術……

繼續延伸思考……

A同學：那我們要進行下一步的學習與研究，要如何進行該研究的主題呢？

B同學：首先我們要瞭解一下咖啡拉花所需的基本設備與材料，等等來列個清單吧！讓研究順利進行。

A同學：沒錯，有了設備，我們要思考一下如何做出吸引顧客的咖啡拉花，讓它在餐桌上如同藝術品一樣美麗。來準備個咖啡拉花SOP的流程吧！

B同學：瞭解了咖啡拉花的技術與流程，我們就可以製作更多元化的圖樣了！這個研究讓我們認知到熟能生巧的重要性……

二、自我學習評量

1.請同學根據下面的器具與條件，在一定的時間內沖煮出美味的咖啡（提示：咖啡沖泡的七大要素）。

　(1)器具：手沖壺、濾器、濾紙、研磨機、咖啡壺

　(2)20g咖啡粉

　(3)研磨刻度：4

　(4)水粉比例：1:12、1:15、1:18

(5)水溫：90℃

(6)沖完評分

2.請問咖啡拉花有哪四種方式？所需的基本設備與作法及其應注意事項為何？

	器具	作法	應注意事項
直接注入法			
立體拉花法			
手繪雕花法			
篩網拉花法			

貼心叮嚀

　　技術性實務專題製作，可以帶給同學多元的學習與靈活的創意思維，準備的第一步即是認識自己的喜好，選擇自己的專長，這樣的學習才可以事半功倍；第二步即為對技術實務專題必須熱衷於選定的主題，並且蒐集相關資料，使得操作可以順利進行，需先思考好目標是什麼，朝目標的研究方向前進，才不會導致最後偏離主題；第三步就是準備過程，在製作過程中必然辛苦，同學必須要有永不放棄的精神，因為實驗不會一次成功，必須反覆驗證，因此在製作過程中可以培養同學們的細心與耐心；第四步反覆熟習實務專題內容，為了比賽或是成果發表展之優秀表現，務必熟悉研究以及實作過程，在此可訓練同學們製作簡報技巧以及口條能力，因為實務專題製作過程只有同學們最為清楚，因此熟知內容，才有進一步完美的呈現與發表；最終一步，參與相關專題製作競賽，所有競賽緊張一定都會存在，但記得告訴自己平常心全力以赴即可，別給自我的壓力過大，反而會呈現反效果唷！平常心面對，競賽就是一種學習，不求第一，只要同學們盡力，發揮最大的努力即可！得失心切勿過重，競賽總是有輸贏，不足的地方再繼續加強，他人優秀之處是我們學習的目標。凡事盡力而為，往往會有意想不到的結果！

Chapter 8

專案管理實務專題

　　本章實務專題製學生可選擇以專案實務研究為主。現今國內大專院校學生執行實務專題大多採用專題論文研究的方案，不論量化研究或是質性研究皆需要在短時間內學習許多研究方法，同學們有可能對於研究方法的認知有限，往往隨著面對接踵而來的困難，就有可能因此消磨自己的學習意願與熱忱，使同學們對於實務專題感到迷惘，究竟實務專題能夠帶給自己什麼收穫？有些同學對於實務專題抱持著完成才能畢業的心態，將實務專題當作是一項作業，漸漸地實務專題可能只流於一種形式，而失去它原本應該擁有的意義。實務專題顧名思義就是要實際地執行一項專題，它並非一定要做論文專題研究，它可以試著以多元面向來展現專題製作的成果，鼓勵同學們可以試著應用專案管理的概念，執行專案的實務專題也是實務專題製作的選項之一。本章首先介紹專案與專案管理，讓同學們瞭解專案管理的概念；再說明實務專題與專案之相關性，比較一般專題論文研究與專案的優劣；並利用一份完整的專案來演示以專案為架構的實務專題；最後則是協助同學們順利執行專案的角色扮演。

🚐 第一節　專案與專案管理

　　專案（project）係指非例行性、非重複性的任務活動，通常具有指定的完成期限與有限資源的限制，且需要協調、整合相關的專業活動，如期、如質、如預算達成特定的明確目標。以休閒觀光產業而言，每次旅遊行程、每場旅遊展覽、每次訂製旅遊行程、每月的導遊領隊指派、每場促銷活動、每次特別節日活動，都具有完成期限與有限資源的特質，所以都能夠算是一件專案。專案管理（project management）係指於某一專案活動上整合運用管理技術、領導行為，協調外部環境，並透過發起、規劃、執行、控制與結束等五大專案管理流程來達成特定專案目標的一系列

管理方法。舉例而言，一次旅遊行程專案，需要事先由旅行社或客戶指定訂製來作為旅遊的發起，經由旅行社透過訂票、訂房、安排行程等規劃行程活動，再指派導遊領隊帶領客戶執行旅遊行程，而在旅行社規劃行程活動與導遊領隊執行旅遊行程的過程中都需要控制成本、進度等，最終將完成並結束旅遊行程，這就是一件完整的專案。

專案目標（project objectives）係指某一專案在有限時間、有限資源內所能承諾達成的最終結果，也就是所謂的可交付成果（deliverables），透過各種專業流程（professional process）執行各種專案任務（project task）來達成，不同產業或組織會有不同的專業流程、執行時程與階段，主要是與該專案所屬的產業或組織之商業營運模式與專業要求有關聯。例如，一次旅遊行程專案所牽涉到的專案任務可能就有旅遊日數、機票、住宿、交通、活動行程、購物地點、護照與簽證、導遊領隊的指派、當地治安、旅遊風險評估、旅遊行程價格定位、旅費預算、自費行程等；而一次旅遊展覽專案的專案任務可能牽涉到展覽日數、季節活動、促銷活動、會場攤位租借、會場攤位擺設、參展人員的安排、成本預算、紀念品與文宣的準備與發放等。

儘管不同產業或組織的專案流程差異很大，但專案管理生命週期（life cycle of project management）卻極為相似，目前最常被採用的專案管理生命週期有五大階段，分別為專案發起（project initiating）、專案規劃（project planning）、專案執行（project executing）、專案控制（project monitoring and controlling）、專案結束（project closing）等，也就是五大專案管理流程，依序逐步推進，惟專案控制在其餘四個階段中均有監控與調整的功能，詳如**圖8-1**所示。

以休閒觀光產業而言，最常見的專案即是旅遊行程專案與活動行程專案，遵循**圖8-1**專案管理生命週期就能將專案劃分為五大階段，舉例來說，利用舉辦全校性國外畢業旅行作為專案，在第一階段即發起階段必須

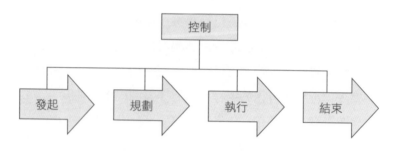

圖8-1　五大專案管理流程圖

獲得校方與師長的同意，其次必須透過可行性分析來瞭解校內同學參加意願與意見、旅費預算等，若是順利獲得校方與師長同意，且可行性分析的結果也認為專案可行，則可進入第二階段即規劃階段；規劃階段一般以專案團隊內部的規劃工作為主，例如人力資源規劃、按照成員的專長與能力分配各自的任務工作、進度規劃、風險評估與規劃、成本預算規劃等，另外特別需要注意的是，專案的規劃與執行可能有些任務因法規限制或團隊成員專業能力的限制等因素需要委外辦理，因此在規劃時需要確認哪些任務需要委外辦理。待規劃任務皆已完成，接著就可進入下一個階段即執行階段，執行階段有許多事務可能是同時進行，又或是有先後順序，需要考量專案團隊的執行狀況來做調整，具體任務內容可能有考量校內同學的意願、國家城市的治安環境等來決定旅遊國家與城市、收取旅費訂金、報名手續、人數確認等、決定旅遊日數、選擇一般航空公司或廉價航空公司，決定好航空公司後必須聯繫訂票，要訂既有航班或是參加人數足以採用包機方式、選擇住宿的飯店，飯店是否足以容納整團的人數或是需要分散至幾間飯店、交通工具選擇遊覽車或電車，若選擇遊覽車，勢必要聯繫當地遊覽車公司辦理訂車手續等、旅遊景點與行程的安排、旅遊行程進行時有哪幾位師長同行、需要幾位導遊領隊，由校內具導遊領隊執業證的師長擔任或是委外聘請旅行社的導遊領隊、辦理簽證與護照等是否可由專案團隊

辦理,若不可則可能需要委託旅行社代辦、旅遊平安險的投保等。

待所有須完成工作皆已執行完畢,最後即是結束階段,結束階段是專案的成果驗收,行程規劃是否得宜完善、機票、飯店、門票等訂購數量是否皆正確、經費使用是否適當合理、參與人員是否玩得盡興愉快、規劃與執行是否按照預定進度進行等,另外也需要辦理檢討會,將整個專案過程中出現的狀況與問題及處理方法等皆記錄下來,作為成果報告提供後續專案進行的參考依據。而控制階段實際上參與了其餘四個階段,因此控制階段的任務在於,如何監督專案的進行及發生問題狀況的處理,例如在規劃階段中發現某個工作未能按照預期進度進行,因此調派其他人力來趕工,在幾天內趕上預期進度等,或是在執行階段中發現某個景點因天候影響關閉,臨時更改為其他目的地等,也可能是在規劃過程中某位團隊成員生了一場大病需要靜養一週,因此將他所負責的工作改派另外的成員來支援等,都是屬於控制階段的工作內容。

專案管理是屬於跨領域、多角化的管理科學,專案的範疇非常廣大,專案管理的內容也非常寬闊,因此需要藉由充分的規劃準備工作來協助專案順利進行,使專案能夠如質、如期、如預算地完成。

專欄　如何選擇一個合適的專案作為實務專題?

生活中充斥著大大小小的專案,每個人每天都一定會接觸到專案,舉凡一件建築新建工程、一季棒球球賽、一場藝術展覽、一屆系學會、一次家庭旅遊、一件軟體開發案、一場就業博覽會等,皆可稱作是一件專案,即便是家庭主婦思考晚餐該烹煮些什麼菜餚、準備什麼食材、有幾位家人會回家吃飯、幾時開始備料、預計幾時用餐,都能夠稱得上是一件專案。

究竟該選擇何種專案類型與主題才適合作為實務專題呢?其實只要思考自己與團隊成員的能力、專長或興趣,答案就呼之欲出了,最簡單的方

法就是彼此一同思考自己與團隊成員的共同興趣、持有的技術證照或是就讀的科系，選擇自己與團隊成員共同有熱忱的專案類型與題材；例如就讀觀光系、對旅遊有興趣，不妨執行一次全系性、全校性國外自助旅行作為實務專題，從機票及飯店預訂、交通方式、行程規劃、旅程紀錄、經費使用紀錄等，依循專案的架構執行；又或是就讀電子系、對電競有興趣，也能夠執行一次全校性、地區性電競比賽，從賽程安排、經費使用紀錄、獎品獎金配置、比賽場地規劃等，同樣依循專案的架構執行，皆是以專案作為實務專題的合適題材。

專案是一件需要耗費體力與心力的任務，同學們最好能夠找到一件自己真正有興趣的專案題材，才能做得有趣、做得有意義，當然也最好是自己擅長或是能力所及的專案題材，這樣才能全心全力執行專案；除此之外，團隊合作對於專案管理而言是非常重要的，因為專案是較為複雜且工作量龐大的，需要顧慮到較多層面的事務，若是僅有一人執行恐怕容易丟三落四，也可能太過於疲累，因此必須做好團隊分工與合作，共同按部就班執行專案，才算是一件成功的專案。

第二節　實務專題與專案之相關性

實務專題是基於專題導向學習（project base learning）的概念，希望同學們能夠運用自身所學的專業知識與理論，在訂定主題、蒐集資料、實地訪查、實驗測試等執行實務專題的過程中，使同學們透過整合知識、團隊合作的方式，提升問題解決能力以完成預設之工作目標。這個概念與專案需要協調、整合（integrate）專案需求與相關專業活動及結果，以如期、如質、如預算達成特定明確目標的概念是極為相似的，甚至可說是一致的概念。

在章節架構與內容的部分，將最常用來執行實務專題的專題論文研

究與專案兩相比較，由**表8-1**專題論文研究與專案之架構比對表可見，專題論文研究的章節架構及內容概念與專案相似度頗高，第一章皆為陳述背景、動機與目的，說明時空背景、產業現況與趨勢、執行的動機與預期達成之目的；內容較為不同但概念雷同之處在於，專題論文研究第二章偏重在蒐集大量相關文獻與回顧學術性理論，一般而言此節占用了專題論文研究大多數的時間，專案則是偏重在說明專案的基礎概念與執行的可行性，不需要蒐集文獻及回顧學術理論，因此可省下不少時間；而專題論文研究第三章在說明論文研究採用的理論基礎與研究的設計方向，需要基於第二章所蒐集到的文獻理論來支持論文研究的假說與概念，且無論量化或質性研究皆需要就研究架構提出研究假說，設計研究問卷並發放與回收，或設計訪談內容等資料蒐集方法來蒐集研究樣本的數據資料，這也是在專題論文研究中占用許多時間與人力的部分，專案則是著重在規劃整個

表8-1　專題論文研究與專案之架構比對表

專題論文研究			專案		
章節	標題	內容	章節	標題	內容
第一章	緒論	研究背景、動機、目的	第一章	前言	專案背景、動機、目的
第二章	文獻回顧	相關文獻與理論	第二章	專案發起	專案概念書、可行性分析、SWOT分析
第三章	研究方法	研究架構、假說、問卷設計、分析方法	第三章	專案規劃	專案目標、範圍規劃、進度規劃、成本規劃、風險規劃
第四章	研究結果	樣本結構、分析結果	第四章	專案執行	操作過程
			第五章	專案控制	進度控制、成本控制、風險控制
第五章	結論	研究結論、研究限制、建議、管理意涵	第六章	專案結束	成果驗收、行政結束、結論
	參考文獻	中文引用文獻、英文引用文獻			

專案的執行範圍與內容、預算與成本推估、執行進度的規劃與風險評估與應變方法、必須執行的所有工作內容與清單等。

　　一般而言，僅須考量規劃的合理性與妥善與否，並不需要文獻理論的支持；專題論文研究的第四章呈現研究樣本的結構與數據統計分析結果，除了需要針對回收回來的問卷或文字稿進行數據統計或文字編碼，也需要透過統計分析軟體或各種編碼方法進行研究數據的分析與歸納，將論文研究數據的分析結果以圖表的方式呈現，還需要根據第二章所蒐集的相關文獻來說明並支持發現的研究數據結果，以證實論文研究結果的可信度，一般而言，在進行這部分時需要使用多種的研究分析方法，這也是許多同學在執行專題論文研究時常碰到困難與挫折的地方，除了需要短時間內學習多種研究分析方法外，萬一研究結果數據錯誤或不合理，就有可能得重新再發放一次問卷或重新再訪談一次以獲取新的數據資料，而專案則是在第四章完整呈現專案執行的過程，依照第三章所規劃的所有必須執行的工作內容、預期的進度與預算，按部就班地遵循規劃的進度與步驟實際進行，並在第五章呈現執行進度、成本預算控制的過程、避免風險事件的過程，以及遭遇執行進度落後、預算估計錯誤等風險事件發生時的處理過程與矯正程序。

　　最後在專題論文研究第五章的部分是根據第四章研究結果提出研究結論、管理意涵與建議，一般來說，管理意涵可能牽涉到給予產業界的建議或給予主管機關政策面的議題，有可能因同學們較不瞭解產業現況或政策方針等議題，會使撰寫管理意涵顯得較為困難，而專案在最後部分是進行成果的驗收，檢驗專案在執行時是否正確控制預算、進度與風險等，發生風險事件時是否應變完善且處理得宜、專案是否有依照規劃的進度順利進行完畢、所有必須完成工作內容是否已確實完成，以及因應風險事件的處理過程或於專案執行過程中所發生的突發事件是否有完整記錄等；而專題論文研究需要將所有引用或參考的文獻明確記載於參考文獻中，避免涉

及學術倫理之爭議，且在撰寫的過程中，專題論文研究須遵守學術倫理的規範，所有格式、撰寫方式、撰寫內容、引用字數限制、引用撰寫方式等皆有明確規定，但專案的撰寫方式較為活潑，雖依然有其架構存在，但可依照專案題材的不同來做彈性調整。

由此可見，實務專題與專案無論在概念上、架構上，或是在內容概念的部分皆具有相當程度的共通性，惟在撰寫方式與撰寫內容上較為不同，且實務專題若採用專題論文研究來執行，因須遵守學術倫理的規範，需要蒐集大量的文獻、設計問卷或訪談問題、發放與回收問卷或訪談文字稿編碼等、瞭解並執行統計分析等研究法理論，相較而言較為嚴謹，而專案除了撰寫方式較為活潑外，不必蒐集大量文獻、不必設計問卷與訪談內容、不必發放與回收問卷等、不必為了執行統計分析而額外再學習統計分析理論等，可以依照同學們自己現有的專長技能或興趣等作為專案題材來執行實務專題，因此以專案來執行實務專題不僅有其實務上的意義，也可使同學們發揮自己的專長與技能。

 ## 第三節　專案為架構的實務專題

擬定好專案類型與題材後，自然得思考該如何撰寫專案內容，專案具有非例行性、非重複性的特質，也就是說，每一件專案都是獨一無二的，不會有重複或是相同內容的專案，但專案架構卻可以相似，這與專題研究具有異曲同工之妙，專案架構在概念上是雷同的，內容則是依據專案題材所牽涉到的項目而有所不同。為了讓同學們能夠更加理解專案架構並加以應用，本節將以專案管理的手法與概念實際應用於實務專題，以下將以「沖繩遊程規劃」專案為例，遵循專案管理五大生命週期，從「沖繩遊程規劃」專案的發起、規劃、執行、控制到結束，乃至於整個「沖繩遊程

規劃」專案的所有必須完成工作與相關活動的一系列完整專案，實際示範專案的撰寫與內容架構，惟因每一件專案皆不盡相同，因此建議撰寫專案之前先思考自己的專案題材應該包含哪些內容與項目，確立好應具備之項目架構與內容後再進行編撰；以下將針對「沖繩遊程規劃」專案的架構元素與撰寫內容，做進一步介紹。

一、「沖繩遊程規劃」專案

(一)前言

　　首先是第一章前言的部分，需要說明專案的時空背景、產業現況、執行專案的動機以及執行專案的目的等；「沖繩遊程規劃」範例專案中的背景主要闡述大專院校舉辦畢業旅行之現況與趨勢等，並逐步切入與舉辦「沖繩遊程規劃」專案的直接效果；專案動機則是闡明經由上述專案背景，「沖繩遊程規劃」專案發現什麼值得嘗試或執行的事物；而專案目的須說明「沖繩遊程規劃」的預期成果，透過嘗試或執行在專案動機中所闡明的事物，達到何種功能或成果。

◆ 專案背景與動機

　　隨著台灣觀光產業發展日漸蓬勃，全國各大專院校紛紛開設觀光相關科系以培養未來觀光產業的專業人才，近年來技專校院主打藉由校外實習乃至於海外實習來累積學生在職場上的工作經驗與實務面的應用，使觀光相關科系的學生在畢業前不但具備一技之長且已具有工作經歷。除此之外，許多觀光相關科系為求增進學生國際觀，常開設海外見習等課程帶領學生到國外進行踩線等觀光遊程，藉以瞭解國外旅遊的過程與增強國際視野。學生可以藉此利用專案管理手法替自己安排與規劃遊程。因此本專案希望透過辦理「沖繩遊程規劃」來設計專屬於A科技大學休閒系的海外見習旅遊行程，除了能夠讓同學們實際設計遊程以瞭解訂製旅遊的過程

外，也能完成同學們的海外見習課程，並增進同學們的國際視野。

◆ 專案目的

　　為了讓同學們能夠瞭解訂製旅遊的過程並增進同學們的國際觀，本專案的具體目的為利用「沖繩遊程設計」專案讓同學們實際設計遊程以瞭解訂製旅遊的過程、完成A科技大學休閒系海外見習課程、增進同學們的國際視野。

(二)專案發起

◆ 三項構面思考

　　本節三項構面思考主要在於釐清「沖繩遊程設計」專案要做什麼、為什麼要做及要如何做等三個思考面向，協助定義專案目標、瞭解所需完成任務，其構思具體作法與流程如**表8-2**所示。

表8-2　三項構面思考分析表

項次	要做什麼	為什麼要做	要如何做
1	探討背景與動機	使專案的目標更加清楚	1.小組與A科技大學休閒系主任及海外見習老師開會討論 2.瞭解A科技大學海外見習現行作法
2	資料蒐集	瞭解A科技大學休閒系同學旅遊目的地意向，確認旅遊目的地需求	1.旅遊目的地SWOT分析 2.調查A科技大學休閒系同學旅遊目的地意向
3	遊程設計	設計完整與合適的遊程	1.參考各大旅行社行程 2.參考網路資料
4	遊程執行	安排遊程記錄，提供成果展示與記錄留存	1.安排攝影師全程錄影拍攝 2.後續影片剪輯與製作 3.參與同學的心得回饋
5	成果展示	製作成果報告書並展示記錄片	1.展示旅程記錄影片 2.呈交成果報告書
6	記錄留存	完整專案記錄保留存檔	專案資料存檔

◆可行性分析

　　本節可行性分析（feasibility analysis）主要為確認專案的價值並檢視專案的成功機率，須明確陳述「沖繩遊程設計」專案的經濟可行性與非經濟可行性，經濟可行性即財務可行性，非經濟可行性則包括技術、管理、環境、安全等四個面向之可行性，並說明專案小組為完成「沖繩遊程設計」專案，透過哪些方法取得資源，解決有限的資源與經費需求。

1.財務可行性：與A科技大學休閒系合作，專案所有費用由A科技大學休閒系支付，旅費則由參與同學自己支付，供應專案所需經費。
2.技術可行性：
　(1)專案小組除了曾學習遊程設計，也聘請旅行社產品部遊程設計專家專業指導，使專案小組瞭解遊程的整合運用與設計。
　(2)A科技大學提供會議室與電腦、印表機等設備，皆已安裝好所需軟硬體。
　(3)A科技大學休閒系有附設實習旅行社，因法規原因無法由專案小組辦理的事務可委由實習旅行社辦理。
3.管理可行性：
　(1)專案小組已具備華語導遊及日語領隊證照，對旅遊事務充分瞭解並有能力執行。
　(2)組成專案小組分工、指派執行專案工作，並定期開會掌握進度情況。
4.環境可行性：
　(1)海外見習已是目前觀光相關科系趨勢，A科技大學休閒系也已有海外見習課程。
　(2)國人出國旅行日漸普及，家長對學生隨學校團體出國也已能接受。

5.安全可行性：

    (1)合約都以書面留存，並經過律師確認無虞才進行簽約。

    (2)執行專案全程由專家共同指導，確保成員能夠安全無虞。

◆SWOT分析

    為了使專案能夠確實達成專案目標，在制定策略前常慣用SWOT分析，找出專案內部之優勢（strengths）、劣勢（weaknesses），與專案所處外部環境之機會（opportunities）及威脅（threats），操作內容與範例如**圖8-2**所示；再根據SWOT分析結果，進行相對應之SWOT交叉分析，擬定可行且較能成功之專案策略，以掌握目標市場型態，SWOT交叉分析範例如**圖8-3**所示。

    利用SWOT分析來分析「沖繩遊程設計」旅遊目的地的優勢與劣勢，瞭解沖繩面對的機會跟威脅，並依照SWOT分析的結果，確定旅遊目的地的性質與特色。

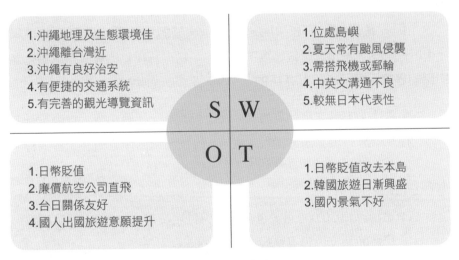

圖8-2　SWOT分析圖

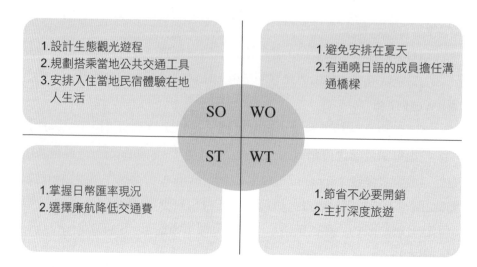

1.設計生態觀光遊程 2.規劃搭乘當地公共交通工具 3.安排入住當地民宿體驗在地人生活	1.避免安排在夏天 2.有通曉日語的成員擔任溝通橋樑
SO	WO
ST	WT
1.掌握日幣匯率現況 2.選擇廉航降低交通費	1.節省不必要開銷 2.主打深度旅遊

圖8-3　SWOT交叉分析圖

(三)專案規劃

◆專案目標

本節專案目標主要在於明確說明「沖繩遊程設計」的可交付成果（deliverables），也就是最終專案完成的事物，將模糊的專案需求轉化為明確的專案目標，可利用SMART五大屬性原則分別說明。

1.明確性：本專案預計規劃「沖繩遊程設計」，藉由學生實際設計遊程以瞭解訂製旅遊的過程、完成A科技大學休閒系海外見習課程、增進同學們的國際視野。

2.可衡量性：

　(1)總預算1,050,000元，包含學生自付旅費每人15,500元與A科技大學休閒系支付專案執行費用120,000元。

　(2)參加學生人數達到60人。

　(3)遊程共有4日。

3.可達成性：

(1)專案小組除了曾學習遊程設計，也聘請旅行社產品部遊程設計專家專業指導，使專案小組瞭解遊程的整合運用與設計。

(2)A科技大學休閒系有附設實習旅行社，因法規原因無法由專案小組辦理的事務可委由實習旅行社辦理。

(3)專案小組已具備華語導遊及日語領隊證照，對旅遊事務充分瞭解並有能力執行。

4.目標相關性：A科技大學休閒系實施海外見習課程已久，但行程大多委託旅行社辦理，沒有讓學生自己嘗試規劃，本「沖繩遊程設計」專案由A科技大學休閒系學生組成專案小組，親自設計符合A科技大學休閒系學生真正需求的遊程，除了能讓同學們親自參與遊程設計，還能達到瞭解訂製旅遊的過程、完成A科技大學休閒系海外見習課程、增進同學們國際觀的目的。

5.具完成期限性：本專案從106/09/10開始到107/03/10止，共182天。

◆ 範圍規劃

為了使專案能夠如期、如質、如預算地完成，並順利產出專案的可交付成果，須規劃專案的範圍基準（scope baseline）以作為專案執行內容與可交付成果的驗收依據，可將專案期間分為前置作業、資料蒐集、遊程設計、遊程執行、成果展示及專案結束共六個階段，並以須完成工作、不須完成工作、可交付成果與允收標準共四項分類作為專案範圍的定義，詳細操作與範例如**表8-3**所示。

◆ 進度規劃

專案根據工作分解結構（WBS）將各個專案期間的活動展開，進行活動排序、工時估計，估算單一工作包連續執行至完成所需的時間，亦即活動總工時，須考量風險可能造成的延遲，將工時估計控制在合理範圍內，以建立專案的預計完成期限，詳細工時估計操作與內容如**表8-4**所示。

表8-3　專案範圍界定表

項次	專案期間	工作內容
		須完成工作
1	前置作業	(1)專案目標確認
		(2)人力規劃及分配任務
		(3)風險規劃與可行性分析
		(4)財務規劃
2	資料蒐集	(1)調查A科技大學休閒系同學旅遊目的地意向
		(2)旅遊目的地SWOT分析
		(3)A科技大學休閒系開會與簽約
3	遊程設計	(1)交通規劃
		(2)住宿安排
		(3)遊程設計
		(4)票務
		(5)風險管理
		(6)遊程估價單
4	遊程執行	(1)攝影師全程錄影拍攝
		(2)後續影片剪輯與製作
		(3)參與同學的心得回饋
5	成果展示	(1)展示旅程記錄影片
		(2)結算費用
		(3)呈交成果報告書
6	專案結束	(1)成果驗收
		(2)資料存檔
		(3)設備人員回歸
		不須完成工作
推銷商品、安排自費活動等非專案範圍內的所有工作。		
		可交付成果
完成「沖繩遊程設計」、順利出團並平安返國。		
		允收標準

1.如期：專案期間從106/09/10～107/03/10，共182天。
2.如質：讓同學們實際設計遊程以瞭解訂製旅遊的過程、完成A科技大學休閒系海外見習課程、增進同學們的國際視野。
3.如預算：總預算1,050,000元。

表8-4　工時估計表

專案期間	工作包編號	工作包名稱	開始日期與結束日期	工作天數（日）	前置活動
前置作業	1-1	專案目標確認	106/09/10～106/09/20	11	無
	1-2	人力規劃及分配任務	106/09/21～106/10/01	11	1-1
	1-3	風險規劃與可行性分析	106/10/02～106/10/12	11	1-2
	1-4	財務規劃	106/10/02～106/10/14	13	1-2
資料蒐集	2-1	調查A科技大學休閒系同學旅遊目的地意向	106/10/15～106/10/30	16	1-3 1-4
	2-2	旅遊目的地SWOT分析	106/11/01～106/11/08	8	2-1
	2-3	A科技大學休閒系開會與簽約	106/11/09～106/11/10	2	2-2
遊程設計	3-1	交通規劃	106/11/11～106/11/20	10	2-3
	3-2	住宿安排	106/11/11～106/11/16	6	2-3
	3-3	遊程設計	106/11/11～106/11/30	20	2-3
	3-4	票務	106/12/01～106/12/05	5	3-3
	3-5	風險管理	106/12/01～106/12/10	10	3-3
	3-6	遊程估價單	106/12/06～106/12/16	11	3-4
遊程執行	4-1	攝影師全程錄影拍攝	106/12/17～106/12/21	5	3-6
	4-2	後續影片剪輯與製作	106/12/22～107/01/09	19	4-1
	4-3	參與同學的心得回饋	106/12/22～107/01/13	23	4-1
成果展示	5-1	展示旅程記錄影片	107/01/10～107/01/21	12	4-2
	5-2	結算費用	107/01/14～107/01/24	11	4-3
	5-3	呈交成果報告書	107/01/25～107/01/31	7	5-2
專案結束	6-1	成果驗收	107/02/01～107/02/12	12	5-3
	6-2	資料存檔	107/02/13～107/02/28	16	6-1
	6-3	設備人員回歸	107/03/01～107/03/10	10	6-2

◆ 成本規劃

　　為了確保專案在執行過程中，各個專案期間所需的資源皆已準備妥當且可供即時使用，專案需要規劃成本基準（cost baseline）作為預算動用與稽查的標準，即預算分配（**表8-5**），透過資源取得規劃來利用現有

的設備與資源，以減少不必要的成本支出；成本規劃可分為一般資源與人力資源，分別根據各個專案期間所需要執行的工作包性質與工期，預估資源耗用與人力需求的情況，並彙整各個專案期間所需要的資源與資源取得來源，詳細操作內容與範例如**表8-6**、**表8-7**所示。

表8-5　預算分配表

序	項目	預算分配
1	前置作業	3,000元
2	資料蒐集	6,000元
3	遊程設計	13,000元
4	遊程執行	960,000元
5	成果展示	5,000元
6	專案結束	3,000元
7	人事薪資	10,000元
8	風險儲備金	50,000元
		總預算：1,050,000元整

表8-6　一般資源需求清單

專案期間	資源名稱	數量	取得來源
前置作業	人事薪資	5人	專案費用
	筆記型電腦	5台	成員所有
	會議室	1間	學校調用
	影印機	1台	學校調用
	文書處理軟體	1套	成員所有
	文具用品	1套	專案費用
	影印機碳粉匣	1個	專案費用
	A4影印紙	1包	專案費用
資料蒐集	人事薪資	5人	專案費用
	筆記型電腦	5台	成員所有
	會議室	1間	學校調用
	影印機	1台	學校調用

（續）表8-6　一般資源需求清單

專案期間	資源名稱	數量	取得來源
資料蒐集	文書處理軟體	1套	成員所有
	文具用品	1套	專案費用
	A4影印紙	5包	專案費用
系統構建	人事薪資	5人	專案費用
	筆記型電腦	5台	成員所有
	會議室	1間	學校調用
	影印機	1台	學校調用
	文書處理軟體	1套	成員所有
	文具用品	1套	專案費用
	影片製作軟體	1套	學校調用
擴充價值	人事薪資	5人	專案費用
	筆記型電腦	5台	成員所有
	會議室	1間	學校調用
	影印機	1台	學校調用
	文書處理軟體	1套	成員所有
	文具用品	1套	專案費用
成果展示	人事薪資	5人	專案費用
	筆記型電腦	5台	成員所有
	會議室	1間	學校調用
	影印機	1台	學校調用
	文具用品	1套	專案費用
	A4影印紙	5包	專案費用
專案結束	人事薪資	5人	專案費用
	筆記型電腦	5台	成員所有
	會議室	1間	學校調用
	影印機	1台	學校調用
	文具用品	1套	專案費用

表8-7　人力資源需求表

專案期間	工作包編號	工作包名稱	人力需求	工期（日）
前置作業	1-1	專案目標確認	2	11
	1-2	人力規劃及分配任務	3	11
	1-3	風險規劃與可行性分析	2	11
	1-4	財務規劃	2	13
資料蒐集	2-1	調查A科技大學休閒系同學旅遊目的地意向	3	16
	2-2	旅遊目的地SWOT分析	2	8
	2-3	A科技大學休閒系開會與簽約	5	2
遊程設計	3-1	交通規劃	2	10
	3-2	住宿安排	2	6
	3-3	遊程設計	4	20
	3-4	票務	2	5
	3-5	風險管理	2	10
	3-6	遊程估價單	2	11
遊程執行	4-1	攝影師全程錄影拍攝	5	5
	4-2	後續影片剪輯與製作	2	19
	4-3	參與同學的心得回饋	3	23
成果展示	5-1	展示旅程記錄影片	3	12
	5-2	結算費用	4	11
	5-3	呈交成果報告書	5	7
專案結束	6-1	成果驗收	5	12
	6-2	資料存檔	4	16
	6-3	設備人員回歸	5	10

◆風險規劃

　　由於專案皆具有獨特性與新穎性，含有許多不確定事件可能影響執
行績效與專案的成敗，因此需要透過邏輯分析與反覆驗證來思考評估各種
形式的潛在風險事件，並推算估計該事件發生的機率與影響程度，進而決
定針對該事件較合適的因應方法；首先須進行風險辨識，思考潛藏在專案
中有機會造成潛在影響的所有不確定事件，可採用假設分析（assumptions
analysis）使用魚骨圖針對各個面向進行分析，詳細操作內容與範例如**圖
8-4**所示；再依據發生機率與影響程度相乘所得之RPN值進行所有風險事
件的重要排序，並針對個別風險事件擬定合適的風險因應計畫，詳細操作
與內容如**表8-8**所示。

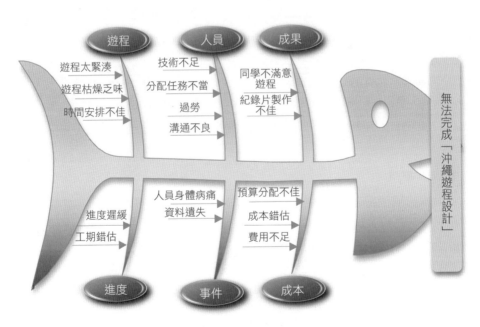

圖8-4　魚骨圖

表8-8　風險因應計畫

風險類別	因應策略	編號	風險事件	RPN值	因應計畫
高風險	避免	11	同學不滿意遊程	6.3	定期開會討論，有狀況即時矯正
		2	遊程太緊湊	5.4	定期開會討論，參考資料
中風險	降低	7	過勞	3.6	適時休假與休息
		14	人員身體病痛	3.0	適時休假與休息
		12	進度遲緩	3.0	定期進度考驗，確認進度正常
		10	紀錄片製作不佳	3.0	定期會議，考驗效果
		21	費用不足	2.4	調用現有資源，風險儲備金支應
		3	時間安排不佳	2.4	定期開會討論，參考資料
		19	預算分配不佳	2.1	參考資料並請教專家，風險儲備金支應
低風險		1	遊程枯燥乏味	1.8	定期開會討論，考驗效果
		20	成本錯估	1.2	參考資料並請教專家，追蹤資源使用情況，風險儲備金支應
		13	工期錯估	1.2	參考資料並請教專家，確認工期所需日數與人力分配合適
	轉移	15	資料遺失	0.6	資料電子化，同步至雲端備份
	接受	4	技術不足	0.6	參考資料並請教顧問
		5	分配任務不當	0.3	瞭解成員特質與專長
		8	溝通不良	0.2	文字與口頭並用

◆設計概念

　　本節須依據專案題材進行設計規劃，例如本示範專案「沖繩遊程設計」屬於旅行遊程設計，就需要說明遊程的設計理念，並呈現概略性遊程規劃的內容；若是網路網站平台的構建專案，就需要說明網站平台的設計理念，並將概念型模型呈現於此節。

　　目前A科技大學休閒系為求增進同學們的國際觀，已有開設海外見習課程帶領同學們到國外進行踩線等觀光遊程，藉以瞭解國外旅遊的過程並增加國際視野，但目前執行方式是直接交由旅行社辦理，並未實際讓同學

們自己安排辦理，實際上並沒有善用這個很好的教育機會。因此本專案希望透過辦理「沖繩遊程規劃」來設計專屬於A科技大學休閒系的海外見習旅遊行程，除了能夠讓同學們實際設計遊程以瞭解訂製旅遊的過程外，也能完成同學們的海外見習課程，並增進同學們的國際視野。

「沖繩遊程設計」預計的遊程設計內容與流程如下：

1.A科技大學休閒系同學旅遊目的地意向。

2.航空公司、遊覽車公司比較與選擇。

3.住宿地點比較與選擇。

4.著名景點與特色景點比較與選擇。

5.安排遊程與路線規劃。

6.機票、住宿、景點門票、護照等票務辦理。

7.遊程估價。

8.攝影師全程錄影、後製旅程記錄片。

9.參與同學的心得回饋。

(四)專案執行

本章須依據專案題材的規劃內容操作執行，主要是依據規劃內容引導各項工作活動依序展開執行、調整與驗收，確保專案進度、成本及專案績效達到預定目標，也就是按照規劃階段所完成的內容來執行專案，為了使團隊成員的執行步調能夠按部就班地進行，須制定自動導引的流程，以強化執行效率。

由於每件專案不盡相同，因此在本章內容也相對會有所不同，例如以本示範專案「沖繩遊程設計」來說，就需要記載如何選擇交通工具與交通方式、如何選擇住宿地點與景點、如何預訂住宿與交通工具、遊程安排與設計、實際執行遊程的過程、遊程結束的成果紀錄等執行過程，呈現方

式可利用遊程中所拍攝的照片或短片輔以文字說明；若為網路平台系統構建專案，需要明確記錄如何選擇系統平台、如何構建系統、如何架設相關內容、構建系統的過程、系統完成的成果等執行過程，呈現方式皆可使用文字與圖片相互說明。

◆ 交通規劃

　　考量A科技大學位於台中市，因此選擇由台中國際機場出發的班機，而從台中國際機場出發飛往沖繩的航空公司只有A航空公司，故選擇A航空公司。

　　A航空公司由台中國際機場往沖繩那霸機場：班機編號XX-122、起飛台灣時間09:40、抵達日本時間12:10；由沖繩那霸機場回台中國際機場：班機編號XX-123、起飛日本時間13:00、抵達台灣時間13:40，詳細如表8-9。

表8-9　班機資訊

航段	航空公司	班機代碼	起飛當地時間	抵達當地時間	機型
台中→沖繩	A航空	XX-122	09:40	12:10	E190
沖繩→台中	A航空	XX-123	13:00	13:40	E190
來回機票票價					
票種	艙等	票價（新台幣）	人數	總金額（新台幣）	
團體票	經濟艙	7,000元	60人	420,000	

　　考量團員人數共有60人，為求便捷的交通，106/12/17出發當天早上06:00於A科技大學校門口集合，租賃與A科技大學有合約關係之E客運所屬遊覽車2輛，06:30從A科技大學出發至台中國際機場，並於106/12/20回台，當日下午15:30於台中國際機場接駁回A科技大學，詳細如表8-10。

表8-10　接駁車資訊

路線	遊覽車公司	數量（輛）	出發時間	抵達時間
A科技大學→台中國際機場	E客運	2	06:30	07:30
台中國際機場→A科技大學	E客運	2	15:30	16:30
租車費用				
車型	數量（輛）	單價	總金額（新台幣）	
30人座三排座椅大客車	2	8,000元	16,000元	

　　另於沖繩當地租賃遊覽車2輛共4日，沖繩當地合法遊覽車公司共有3家，其中A遊覽車公司所屬司機具有中文溝通能力，因此選擇A遊覽車公司，詳細如**表8-11**。

表8-11　沖繩當地遊覽車公司比較表

遊覽車公司	擁有車輛數	平均車齡	公司資本額	乘客平安保險	司機中文溝通能力	選擇
A客運會社	20輛	6年	2,000萬	200萬／人	佳	✓
B客車會社	6輛	11年	500萬	100萬／人	無	
C會社	13輛	3年	1,000萬	150萬／人	略懂	

◆住宿安排

　　為讓同學們體驗深度旅遊，特別委託沖繩當地B旅行社安排一天入住當地居民家，另兩個晚上則下榻飯店；為了壓低成本，不選擇五星級飯店，但仍需維持住宿品質，因此選擇三、四星級飯店，而沖繩當地較新穎且名氣較響亮的三、四星級飯店有A飯店、B飯店、C飯店及D飯店，因B飯店主要接待台灣旅客且網路住宿評價高於其他飯店，因此選擇B飯店，房間安排皆為四人一室、男女分房，詳細如**表8-12**。

表8-12　沖繩當地飯店比較表

飯店	星級	屋齡	房間數	主要住客	中文 溝通能力	網路 住宿評價	選擇
A飯店	四星級	11年	106間	日本	略懂	3.9/5	
B飯店	四星級	4年	84間	台灣	佳	4.2/5	✓
C飯店	三星級	1年	69間	日本	略懂	4.3/5	
D飯店	三星級	5年	78間	中國	佳	3.6/5	

◆ 遊程設計

　　透過調查A科技大學休閒系同學們的意見，並參考沖繩當地官方、各大旅行社與網路資料，本專案所設計的詳細遊程如**表8-13**。

表8-13　遊程設計表

第一天／時間	遊程	備註
06:00	學校大門口集合	06:30出發前往台中國際機場
07:30	台中國際機場過安檢海關	
09:40	A航空XX-122班機往沖繩	
12:10	抵達沖繩那霸機場	
13:10	北谷美國村散策	午餐自理
15:00	Orion啤酒廠參觀	
17:00	分別送往當地居民家過夜	當地旅行社安排
19:00	與沖繩當地居民享用在地晚餐	
第二天／時間	**遊程**	**備註**
07:00	與沖繩當地居民享用在地早餐	
09:00	分別到當地居民家接同學集合	
10:00	古宇利島＋跨海大橋＋展望塔	
12:00	國際通大道	午餐自理
14:00	波之上神宮	
16:00	孔子廟	
18:00	飯店check in	飯店享用晚餐

（續）表8-13　遊程設計表

第三天／時間	遊程	備註
07:00	飯店享用早餐	
09:00	首里城＋守禮門	
11:00	玉泉鐘乳石洞＋文化王國村	午餐自理
13:00	造酒廠＋銀河探險號半潛艇	
15:00	愛情海商店街	
17:00	飯店享用晚餐	
第四天／時間	遊程	備註
07:00	飯店享用早餐	
09:00	沖繩美麗海水族館	
11:00	前往沖繩那霸機場	安檢過海關
13:00	A航空XX-123班機回台中	機上享用午餐
13:40	抵達台中國際機場	
15:30	返回A科技大學	
16:30	回到溫暖的家	解散各自返家

◆ 票務、住宿、餐費及交通費用

　　遊程中所有門票費用、住宿費、餐費及沖繩當地交通費用詳細如**表 8-14**。

◆ 風險管理

　　為了確保於遊程執行時同學們能以安全為第一，於行前須事先展開旅遊安全措施，並藉由瞭解當地警政與醫療單位來預先安排突發狀況應變措施。

　　1.旅遊安全措施：

　　　(1)召開說明會告知旅客應注意事項，並就本旅遊行程需要特別注意部分加以詳細的說明。

　　　(2)使用合法業者依規定設置之遊樂及住宿設施，並使用合法業者

表8-14　門票費用及住宿費資訊

地點	票種	單價（新台幣）	人數	總金額（新台幣）
展望台	成人票	240元	60	14,400元
首里城	團體票	198元	60	11,880元
玉泉洞＋王國村	團體票	309元	60	18,540元
銀河號半潛艇	團體票	500元	60	30,000元
美麗海水族館	團體票	444元	60	26,640元
住宿費				
日期	飯店	房型	間數	單價（新台幣）	總金額（新台幣）
106/12/17~18	當地居民家	四人一室	15	3,500元	52,500元
106/12/18~20	B飯店	四人一室	15	4,000元	120,000元
餐費				
飯店	餐廳	單價（新台幣）	人數	數量	總金額（新台幣）
B飯店	BB廳	300元	60	4餐	72,000元
沖繩當地交通費				
遊覽車公司	車型	數量（輛）	單價（新台幣）	天數	總金額（新台幣）
A客運會社	大客車	2	13,000元	4	104,000元

　　提供之合法交通工具及合格之駕駛人。

　　(3)加入保險：投保責任保險與旅行平安保險，並注意其投保年齡、保額、保障範圍及其他額外投保之規定事項。

　　(4)藥品準備：個人疾病藥物、藥膏及到達旅遊地區之防治藥品。

2.相關駐外辦事處、警政與醫療單位：本遊程已備妥緊急危難處理相關單位聯繫方式如表8-15。

3.緊急事件之現場處理原則：在緊急事件之現場處理方面，採取「CRISIS」處理六字訣之緊急事故處理六部曲。

　　(1)冷靜（C：Calm）：保持冷靜，藉5W2H建立思考及反應模式。

　　(2)報告（R：Report）：向各相關單位報告，例如：警察局、當地業者、銀行、旅行業綜合保險提供之緊急救援單位等。

表8-15　相關駐外辦事處、警政與醫療單位

單位		地址	聯絡電話
駐外辦事處	台北駐日經濟文化代表處那霸分處	日本沖繩縣那霸市久茂地3-15-9アルテビル那霸6階	+81-90-1942-1107
警政	航警局台中分駐所	台中市沙鹿區中航路一段168號	(04)26155001
	台中市政府清水分局清泉派出所	台中市沙鹿區公明里中清路六段176號	(04)26153884
	沖繩縣警察本部	那霸市泉崎1-2-2	(098)862-0110
	那霸警察署	那霸市與儀1-2-9	(098)836-0110
醫療	童綜合醫院沙鹿院區	台中市沙鹿區成功西街8號	(04)-26626161
	童綜合醫院梧棲院區	台中市梧棲區台灣大道八段699號	(04)26581919
	台中榮民總醫院	台中市西屯區台灣大道四段1650號	(04)2359-2525
	澄清醫院中港分院	台中市西屯區台灣大道四段966號	(04)24632000
	那霸市立醫院	那霸市古島2-31-1	(098)884-5111
	縣立那霸醫院	那霸市與儀1-3-1	(098)853-3111
	縣立北部醫院	名護市大中2-12-3	(098)052-2719
	琉球大學醫學部附屬醫院	西原町上原207	(098)895-3331
	縣立南部醫院	系滿市真榮里870	(098)994-0501

(3)文件（I：Identification）：取得各相關文件，例如：報案文件、遺失證明、死亡診斷證明、各類收據等。

(4)協助（S：Support）：向各個可能的人員尋求協助，例如：旅館人員、Local Guide、Local Agent、旅行業綜合保險提供之緊急救援單位、機構等。

(5)說明（I：Interpretation）：向客人做適當的說明，要控制、掌握客人行動及心態。

(6)記錄（S：Sketch）：記錄事件處理過程，留下文字、影印資料、找尋佐證，以利後續查詢免除糾紛。

◆遊程估價單（表8-16）

為了保護「導覽解說系統」，辦理專利申請，取得專利權，保護「導覽解說系統」的專有價值。

表8-16　沖繩遊程設計估價單

估價人數		以60人計	個人小計
項目	內容明細		
交通部分	1.日本大型遊覽車（含司機小費與過路停車費）A客運會社大客車2輛×13,000元／輛×4天=104,000元／60人=1,740元／人 2.台灣大型遊覽車30人座三排座椅大客車2輛×8,000元／輛×1趟=16,000元／60人=270元／人 3.A航空公司台中沖繩來回機票團體票經濟艙7,000元×60人=420,000／60人=7,000元／人		9,010元
住宿費用	1.106/12/17~18當地居民家四人一室15間×3,500元／間×1晚=52,500元／60人=875元／人 2.106/12/18~20 B飯店四人一室15間×4,000元／間×2晚=120,000元／60人=2,000元／人		四人房2,875元
餐費	早餐	B飯店BB廳自助早餐300元／人×60人×2餐36,000元／60人=600元／人	1,200元
	午餐	午餐皆自理	
	晚餐	B飯店BB廳自助晚餐300元／人×60人×2餐36,000元／60人=600元／人	
門票	1.展望台成人票240元／人×60人=14,400元／60人=240元／人 2.首里城團體票198元／人×60人=11,880元／60人=198元／人 3.玉泉洞＋王國村團體票309元／人×60人=18,540元／60人=309元／人 4.銀河號半潛艇團體票500元／人×60人=30,000元／60人=500元／人 5.美麗海水族館團體票444元／人×60人=26,640元／60人=444元／人		1,691元
雜費	1.一車一導遊費2,000元／天×2車×4天=16,000元／60人=267元／人 2.旅遊平安保險含行政服務費457元／人		724元
個人總計	住四人房　每人新台幣 15,500 元		

◆**攝影師全程錄影拍攝**（此處可將攝影師拍照時的畫面附上）

委託校內攝影社社長張同學擔任攝影師隨團拍攝，除全程錄影記錄旅途外，也進行團體照、小團照等拍攝。

◆**後續影片剪輯與製作**（此處可將影片或照片剪影附上）

遊程執行完畢後，將攝影師張同學所拍攝的錄影記錄與團體照、小團照等，剪接為紀錄片。

◆**參與同學的心得回饋**（此處可將同學的心得摘錄附上）

為達到同學增長國際視野，特別進行參與同學的心得回饋調查，利用小問卷的方式於回國後詢問參與同學在遊程中學習到的事物。

(五)專案控制

正確掌握專案的執行狀態是專案控制最主要的任務與目的，當專案的執行狀態不佳時應進行分析檢討，執行不當須立即糾正，若是因規劃不當導致執行失誤則應進行變更調整；掌握長期的執行狀態也能夠協助預測未來的狀態趨勢，進而提前預防風險事件的發生，並能夠提前變更調整，達到預防勝於治療之目的。專案控制的任務在於比較實際績效與計劃績效的差異，專案成功或失敗絕對不是一時造成，往往是來自於小問題的累積，因此控制的過程從專案開始之初到專案結束都必須實行，以求達成專案的最終目標。

◆**進度控制**

透過控制進度差異，來確認執行進度是否如期進行，如**表8-17**所示。

◆**成本控制**

由於專案有許多不確定事件，預算有可能發生估計錯誤，透過成本控制來避免沒有必要的浪費，成本控制如**表8-18**所示。

表8-17　進度查檢表

項次	專案期間	預定完成日	實際完成日	執行狀況	糾正
1	前置作業	106年10月14日	106年10月14日	如期完成	無
2	資料蒐集	106年11月10日	106年11月08日	如期完成	無
3	遊程設計	106年12月16日	106年12月18日	進度落後	趕工
4	遊程執行	107年01月13日	107年01月13日	如期完成	無
5	成果展示	107年01月31日	107年01月31日	如期完成	無
6	專案結束	107年03月10日	107年03月06日	如期完成	無

表8-18　成本查檢表

項次	專案期間	預估成本	實際成本	執行狀況	糾正
1	前置作業	9,000元	2,080元	如預算完成	無
2	資料蒐集	18,000元	5,386元	如預算完成	無
3	遊程設計	25,000元	13,942元	如預算完成	無
4	遊程執行	972,000元	1,006,348元	超出預算	風險儲備金支付
5	成果展示	17,000元	7,661元	如預算完成	無
6	專案結束	9,000元	3,839元	如預算完成	無
總金額		1,050,000元	1,039,256元	如預算完成	無

(六)專案結束

◆成果驗收

　　確認專案的所有工作是否已確實完成，成果是否令A科技大學休閒系同學們滿意，成果記錄如**表8-19**所示。

◆行政結束

　　1.經驗留存：將專案記錄文件留存，所有往來文件以電腦輔助歸檔，並以電子檔留存。

　　2.召開會議：針對專案的前置準備工作、突發事件的狀況處理等，召開會議討論成果與缺失，並記錄發生問題的前因後果，供後續相關

表8-19　成果驗收查檢表

允收標準	
1.如期	專案期間自106年09月10日至107年03月10日止，共182天，如期完成。
2.如質	實際設計遊程讓同學們瞭解訂製旅遊的過程、完成A科技大學休閒系海外見習課程、增進同學們的國際視野。
3.如預算	總預算1,050,000元在預算內完成。
可交付成果	
「沖繩遊程設計」已完成且執行完畢。	

　　專案參考。

3.文件歸檔：所有往來文件以電腦輔助歸檔。

4.設備人員回歸：專案期間借用的設備歸還原本單位，使用專案經費購買的設備或材料等辦理轉移到適合的單位，專案小組解散，人員回歸原本單位。

◆結論

　　「沖繩遊程設計」專案小組與A科技大學休閒系合作，在106年09月10日到107年03月10日如期完成，共182天。完成「沖繩遊程設計」專案並執行完畢，在總預算1,050,000元內完成，並受到A科技大學休閒系同學們的肯定。專案小組以「沖繩遊程設計」作為實務專題，透過實際參與設計遊程讓同學們瞭解訂製旅遊的過程、完成A科技大學休閒系海外見習課程、增進同學們的國際視野。專案小組藉由專案管理架構，讓「沖繩遊程設計」專案能如期、如質、如預算完成。

第四節　角色扮演

一、腳本

　　請與同學或組員依照下面的腳本進行角色扮演練習，利用腳本中的對話來協助探尋適合自己與組員的共同專案題材，同學參考腳本，並可以思考變更為自己的答案，並繼續延伸思考該題材應該如何進行。

(一)腳本一

A同學：我對旅行有興趣，也打算畢業後想要到旅行社上班。

B同學：現在沖繩很熱門，你可以試著設計自己的旅遊行程。

C同學：設計遊程似乎也是一件專案，不如我們就用沖繩遊程設計作為題材？

A同學：聽起來很不錯，但我們該怎麼做？直接用旅行社的行程嗎？

C同學：不行！旅行社的行程是別人已經做好的，我們必須自己設計一個遊程，那才是屬於我們自己的。

B同學：或許可以跟同班同學一起出團或是跟系上老師討論用海外見習課程的方式出團。

繼續延伸思考……

(二)腳本二

A同學：既然我們已經決定以沖繩四天畢業旅行作為我們的實務專題，那麼有哪些事情是需要做的呢？

C同學：專案在發起階段需要獲得上級的批准，我想我們應該先請示系主任、班導師、專題指導教師，獲得他們的允許再開始進行規劃，才符合專案需要被核准進行的要素，萬一被拒絕也

不會白做工。

B同學：不過我們應該也需要先草擬一份概念書給系主任、班導師、
專題指導教師看，讓他們瞭解我們大概要怎麼進行，例如幾
天？什麼時候？有誰要去？去哪裡？怎麼去？等問題。

A同學：目前已經確定去沖繩四天，那我們要邀請哪些人一起去呢？

B同學：我想應該至少要邀請整班一起去吧！或是要邀請整個系呢？

繼續延伸思考……

二、牛刀小試

請與同學或組員依照下列問題與表格進行估計與進一步的討論，利
用下列問題來協助探討專案題材應該具備的要素，括號的部分同樣可以依
照同學們的意思變更為自己想要探討的題目。

1.請問規劃安排一趟沖繩四天的旅遊行程，需要考量哪些費用？金額
大概是多少？

次序	費用項目	金額（新台幣）	考慮因素
1	機票費		一般航空或廉價航空？
2	飯店住宿費		飯店或民宿？
3	遊覽車租賃費		
4	當地導遊費		
5	司機／導遊小費		
6	（首里城）門票		有無團體票？
7	（水族館）門票		有無團體票？
8	（水上活動）		
9			
10			

2.請問規劃安排一趟（長灘島四天）的旅遊行程，需要辦理哪些手續？要到哪個機關單位辦理呢？

次序	辦理項目	機關單位	考慮因素
1	訂機票		一般航空或廉價航空？
2	訂遊覽車		合法？座位數？
3	訂飯店		飯店或民宿？如何分房？
4	護照		可否自己代辦？或須委外？
5	簽證		可否自己代辦？或須委外？
6	預約當地導遊		合法？
7	訂門票		有無團體票？
8	旅遊平安險		
9			
10			

貼心叮嚀

　　專案一詞許多人都曾聽過，卻少有人能夠說得出專案的意義，不同性質的專案具有不同的專案管理流程，一般人初次接觸專案容易迷失方向，即便找到了專案的執行方向，也可能在繁瑣的規劃、執行與控制的過程中失去耐心與毅力。執行一件專案就像是一場馬拉松，必須經過深思熟慮地規劃與安排，加上按部就班、持之以恆的執行能力，才能順利抵達終點、順利完成一件專案，在執行專案的這場馬拉松中，務必遵循規劃的時程進行，不要太快、也不要太慢，按部就班地依循著規劃的步調執行，並隨時留意風險事件的潛勢，風險事件一定會存在，一旦發現風險事件發生機率高，就應立即採取行動。

　　專案的核心概念是如期、如質、如預算完成專案目標與可交付成果，因此不僅僅是達成目標、呈交成果，更重要的是專案之執行過程是否規劃得宜、監控得當，欲速則不達，唯有按部就班地執行，才是一件符合專案核心概念的成功專案。

Chapter 9

實務個案專題

　　本章實務專題製作學生可選擇以個案實務研究為主。個案研究即是對特定現象的檢視（examination），例如一個計畫、一個事件、一個人、一個機構，或者一個社會團體。個案研究所指的「個案」，可以是一個人、一個事件或一個機構或單位（Merriam, 1998）。它指的是一個界線明確的對象而非泛指某種過程。例如一位教師、學生可以是個案，一個革新方案、一所學校也都是一個個案，但是一個教師的教學、幾所學校間的關係都不能稱作是個案，因為他們不是有界限的封閉系統。要瞭解一個個案可以從兩個具體因素判斷：(1)它是一個有界限的系統；(2)系統中存在著某種行為型態（the behavior patterns of the systems），研究者可以藉由此行為型態或活動性質來瞭解系統的複雜性與脈絡過程的特性（林佩璇，2000）。

　　以下筆者帶領大專生學生執行A飯店個案專題製作的內容與經驗分享，期許能跟科技大學休閒觀光餐旅老師們一起努力，希望將學生在實務專題製作的結果，能對企業有實際幫助，且學生又能從企業中獲得執行實務專題的車馬費及文具、資料影印及碳粉費等資助。以下是學生實務專題執行個案為例，「A飯店服務機器人滿意度之研究」。透過個案的分享，主要有兩個目的：(1)提供休閒觀光餐旅系的師生們對於服務機器人的瞭解，亦為科技對於服務業的影響；(2)撰寫個案的過程與內容之概念跟一般的研究計畫案相似，但在研究方法部分的統計分析，可能比較簡化一些，本研究只利用敘述性統計分析、次數分配統計、重要－表現程度分析等方法。

　　該個案第一部分為研究背景與動機、瞭解研究目的、研究流程；第二部分為文獻回顧；第三部分研究方法、進行步驟及執行進度；第四部分為結論與建議，說明如下：

 **第一節　前言**

一、研究背景與動機

　　A飯店位於敦化路上，面鄰敦化都會公園，距中清交流道僅十分鐘車程，近逢甲夜市。以新東方美學架構主體，渡假型態之商務酒店，璀璨低調奢華、沉穩與氣勢兼蓄，在熱情悠然的氛圍中享受慢活的氣息，且以大器靜謐的絕色風華，綻放中台灣的優雅與活力。A飯店是台中較新的時尚精品旅館，體貼細緻的渡假服務旅店。強調商務型渡假飯店之全新概念。假日親子旅遊休閒、週間國內外商務出差、飯店住宿需求中第一優質選擇。本研究希望透過A科技大學研發的服務機器人定時間表演（show），以娛樂性方式，讓機器人更貼近客人，為A飯店的獨特性加分，提升服務的品質，增加顧客滿意度，進而更具競爭力。故本研究擬透以「A飯店服務機器人滿意度」調查為研究主題。

　　餐旅服務業為勞力密集產業，服務人員的工作負荷量重，加上員工薪資偏低且又需配合輪班，稍一不如意即提出離職，部門管理問題常傷腦筋於人力不足與員工流動率高（徐于娟，1999）。目前產業界對於基層服務人員需求量很大，尤其在宴會等節慶時大量進用PT工讀生，因沒有足夠的時間訓練，再者，人會有情緒，且基層服務很耗體力，故餐旅服務品質受到影響。業者亦表示由於台灣工資提升，如果基層服務員工能以服務機器人取代，將可減少旅館的成本，亦可減少上述的問題。因此，若能將餐旅服務機器人應用於旅館之餐飲部，扮演送菜者的角色，以及客務部門扮演門童迎賓角色等，除了有助於提升服務效率，對於降低旅館之人事成本也有很大的幫助。

　　美國、日本與歐盟等國家投入機器人技術研發已數十年，過去主要

應用集中於工業用機器人,在生產現場代替人們從事危險、精密或單調重複性作業。近年來因先進國家少子化、高齡化等社會環境的演變,加以機器人相關技術更加成熟,服務型機器人趨勢而起,各國均看好其未來產值將超越工業機器人。我國政府對智慧型服務機器人產業發展相當重視。故本研究希望透過A飯店之服務機器人的實際驗證,瞭解顧客對服務機器人之滿意度。

智慧型服務型機器人可以與人互動、溝通、表情及益智娛樂等,以影像、語音、觸覺感知器等,以達到效率、娛樂與實用性,讓機器人更貼近客人,氛圍更佳,也讓餐廳的獨特性加分,提升服務的品質,進而更具競爭力。故本研究擬透過服務機器人協助解決餐旅業客務服務問題,亦可增加A酒店未來之競爭力,因此,如果能以智慧型服務型機器人代勞亦為可行之重要的議題。

二、研究目的

本計畫主要目的及預期成效如下:

1.瞭解顧客對服務機器人服務屬性之重視度。
2.瞭解顧客實際參考體驗服務機器人的滿意度。
3.提供A飯店管理者行銷策略參考。
4.提升A飯店之知名度與競爭力。

三、研究流程

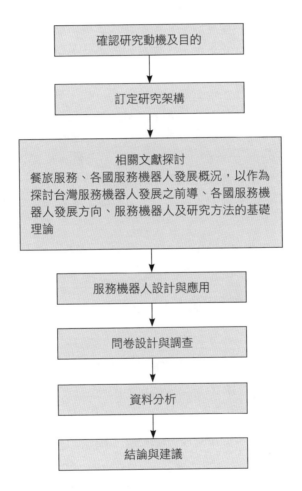

確認研究動機及目的

↓

訂定研究架構

↓

相關文獻探討
餐旅服務、各國服務機器人發展概況，以作為
探討台灣服務機器人發展之前導、各國服務機
器人發展方向、服務機器人及研究方法的基礎
理論

↓

服務機器人設計與應用

↓

問卷設計與調查

↓

資料分析

↓

結論與建議

圖9-1　研究流程圖

專欄　服務機器人

　　你可以想像進入一間餐廳，為你帶位、點餐的服務生是個機器人嗎？這個場景將發生在現實生活中。「點餐服務機器人」除了能為客人點餐，還可替客人上菜及招攬。當客人進到餐廳，機器人會前來迎賓並查看哪裡有空桌，規劃最佳路徑，帶領客人到達指定桌號，再透過觸控、聲控的方式來進行點餐，並將點好的菜單利用無線網路傳至櫃檯、廚房；當廚師做好餐點時，會呼叫機器人前往廚房中心端菜，並送往指定的桌號給客人享用香噴噴的餐點。這一系統的行動流程中，充分發揮機器人對環境的認知、避障以及走捷徑的功能。聘用「點餐服務機器人」，老闆可放心餐廳不會出現點錯菜、錯算帳的人為疏失，當然也不會有員工鬧脾氣不上班的情形發生。

 第二節　文獻回顧

　　本節將介紹各國服務機器人發展方向及相關文獻、顧客滿意度及重要－表現程度分析法（IPA），說明如下：

一、各國服務機器人發展方向及相關文獻

　　各國服務機器人發展概況，以作為探討餐旅業服務機器人發展之前導：

(一)美國

　　美國智慧服務型機器人發展以國防軍事、太空發展及創新應用為主（蕭俊祥，2008），在美國高達1,270億美元預算的「未來作戰系統」

（Future Combat Systems）計畫中，智慧型機器人被列為發展重點（巫震華，2007）。且美國是最早開始發展機器人的國家，許多基礎零組件與技術皆已具備，在商品及軟體應用上居於領先，掌握目前市場上的主要品牌，因此朝向人工智慧與控制研發方向發展，廠商與學術研究機構皆致力於投入人工智慧技術的機器人，已推出達文西機器人手術系統、導覽機器人、吸塵器機器人、娛樂機器人等實際產品，其中吸塵器機器人Roomba、史賓娛樂機器人、Ugobe PLEO恐龍已普遍商品化並銷售百萬台以上（石承泰，2007；經濟部投資業務處，2008）。

美國政府以機器人合作協會來推動人機互動技術，以機器人工業協會執行新市場培育計畫加速市場成長（石承泰，2007）。2009年5月，美國國家科學基金會（NSF）資助美國計算研究協會（Computing Community Consortium, CCC），研究機器人發展報告，提出未來幾年機器人的發展方向。CCC將未來機器人發展分成四大關鍵領域：製造與運籌（Manufacturing & Logistics）、醫療與健康照護（Medical & Healthcare）、服務應用（Service Applications）以及新興技術（Emerging Technologies）等（白忠哲，2009；經濟部學研聯合研究計劃分項計畫，2010）。

(二)日本

日本最早是以工業機器人為主，後來致力於發展人型機器人、各種服務應用機器人。日本政府在法規與安全規範的制訂上相當完善，也提供資源協助廠商開發，民間商品數量多、技術應用層次高，且社會視機器人為重要產業，因此人才投入意願高（蕭俊祥，2008）。日本企業提高發展機器人的研究規模，例如Honda開發出擬人機器人ASIMO，具備雙足行走與約每小時六公里的慢跑速度（石承泰，2007），且具有因應語音、手勢等指令進行互動的人工智慧；Toyota的導覽型機器人Tour Guide Robot，也具類似的互動功能，且有移動時閃避障礙物能力；PAPERO家用機器人

則是可與人交談並具備控制家電的能力（經濟部投資業務處，2008）。

在2001年日本經濟產業省（METI）在「二十一世紀機器人挑戰」中長期計畫中，推動次世代機器人實用化計畫，修改法律，允許機器人合法地在醫院等地工作，2004年更在「新產業創新策略」中，將機器人列為七項重大策略產業之一；2005年設定機器人政策研究會，推動產業政策、機器人法規與安全規範；2006年在「日本新經濟成長戰略」中，將機器人列為創造領導世界的新產業群之一（蕭俊祥，2008）。2009年機器人產業政策報告書指出，為了因應少子化、高齡化時代來臨，政府制定促進服務型機器人普及的範圍，以構築能與機器人共存之安全、安心的社會系統為目標，希望透過制定安全規範與標準、建立照護福利領域支援制度、擴大市場需求、強化機器人技術的開發實驗等策略，加速發展各類型機器人。

(三)歐洲

法國主要研發關鍵技術，德國主要以服務、輔助及照護機器人為主，英國則是國防與家用機器人為重點。瑞典、義大利及法國已經量產自動割草機與窗戶清潔機器人，英國發展出引導醫生開刀的手術機器人，義大利、德國、西班牙及丹麥發展出Cyberhand殘疾輔助機器人，可用發出自然感覺訊號的方式控制（石承泰，2007）。

歐盟的會員國簽訂了國際先進的機器人、移動機器人支援與歐洲機器人技術網路等計畫，共同推動機器人產業，2001年法國CNRS啟動ROBEA計畫發展機器人技術，德國推動為期二十年的機器人研發計畫，整合其國內之研究機構發展服務、個人輔助與健康照護機器人，英國政府則是推動包含國防、建築及家用機器人計畫（蕭俊祥，2008）。

(四)韓國

韓國以國內市場為主，以機器人結合網路技術為發展重點，期望機

器人與寬頻網路連結，提供多元化且先進的服務（蕭俊祥，2008），主要
產品為家庭用途機器人、休閒娛樂用途機器人、產業用途機器人、醫療
用途及教育用途機器人。韓國發展機器人的企業主要以中小企業為主，
且各自擁有利基市場，但近年來大公司開始積極搶先佈局並申請專利，
Samsung與LG發展吸塵機器人並商品化，娛樂跟保全機器人則有Genibo電
子寵物，Curexo與Samsung也接受經費的協助發展醫療與監控機器人的技
術。其專利技術集中於清潔用機器人產品。目前韓國在機器人的相關技術
專利上全球排名居第四，僅次於美國、日本及德國，其中以Samsung擁有
的專利權數最多，但在感測器、視覺、語音辨識等關鍵組件，國產比例不
高（經濟部學研聯合研究計劃分項計畫，2010）。茲將以上國家的服務機
器人發展方向整理如**表9-1**。

表9-1　美日歐韓智慧服務機器人之發展方向

國家	發展重點	政府投入	代表產品
美國	國防軍事 太空發展 創新應用	機器人合作協會（人機互動） 機器人公業協會（新市場）	Roomba吸塵器機器人 史賓娛樂機器人 PLEP娛樂機器人
日本	人型機器人 服務應用	次世代機器人實用化計畫 新產業創造策略 機器人政策研究會 日本新經濟成長戰略	娛樂機器人ASIMO 導覽機器人Tour Guide 照護機器人PAPERO
歐洲	關技技術 照護機器人 國防機器人 家用機器人	國際先進機器人計畫 移動機器人支援計畫 歐洲機器人技術網路計畫	醫療照護機器人 Cyberhand 手術機器人達文西
韓國	結合網路技術 家用機器人 娛樂機器人 醫療機器人	IT839策略九項之一 十大新世代成功動力產業 機器人博物館 無所不在的機器人伴侶	娛樂機器寵物Genibo 清掃機器人SR9630

資料來源：黃季翎（2009）。〈台灣服務機器人發展SWOT量化分析策略規
　　　　　劃〉。國立中央大學企業管理研究所碩士論文。

(五)服務機器人相關文獻

現在是科技時代，因此，如何應用科技在觀光餐旅上為重要議題。den Hertog等人（2010）指出，利用科技以創新服務方法為旅館業保持競爭優勢，追求更好服務的利器。Kim等人（2013）指出，人們對服務機器人感到好奇，且顧客也對餐旅業提供服務機器人協助服務而增加滿意度。根據Zalama等人（2014）指出，機器人控制系統需要三個層次的開發，包括硬體、功能和服務。硬體是指機械設計的形狀，包括服務的主體機器人、感知系統（傳感器）和運動系統（執行器）。功能是指控制系統的軟體架構，它可以實現導航、對話、視覺和語音識別位置與知識心智模型的表現。Kuo等人（2017）指出，服務創新與餐旅機器人的整合，且利用SMART SWOTz方法得知台灣的在發展餐旅服務機器人的優點、缺點、機會與威脅等要項。如優點為台灣老年化對服務機器人需求增加，缺點為缺乏整體有效率的整合各方資源，機會為顧客對服務機器人感到好奇，威脅為中國大陸及東南亞國家的競爭。雖然目前餐旅服務機器人在觀光餐旅的應用上還有一些技術上的限制（Zalama et al., 2014），但科技日新月異，相信未來觀光餐旅服務機器人會越來越人性化且普及。

二、顧客滿意度

消費者主義即提倡以顧客滿意將會導致獲利作為企業成功的信條。依據侯錦雄（1991）研究指出，「滿意度」是各研究用來測量人們對產品、工作、生活品質等方面之看法，是一項非常有用的衡量行為指標。滿意度會受到不同的個人特質、社經背景影響，而產生不同的動機與態度。滿意度決定於顧客所預期的產品利益之實現程度，它反映出「預期」與「實際」結果一致性的程度。因此，顧客滿意度（customer

satisfaction）在財務管理與行銷思想上占有舉足輕重的地位。首先從財務管理的觀點來看，顧客滿意不但對獲利力有顯著的影響，且可經由過去績效的評估進而預測未來財務的狀況。Rust與Zahorik（1993）提出顧客維持主要由顧客滿意所導致，並為市場占有的重要條件。另外，從行銷管理的觀點來看，使顧客滿意不但可以不斷地與舊有顧客建立關係，相較於爭取新顧客，是一種成本較節省的途徑，而且可使舊有顧客有較高的再購傾向，並經由正向的口碑來爭取新顧客。

三、重要－表現程度分析法（IPA）

重要－表現程度分析法（IPA）經常被行銷專家用來檢視顧客對於產品屬性的要求，此法對於服務產業界極有價值，其分析方法一般而言可分成下列四個步驟（黃章展、李素馨、侯錦雄，1999）：

1.列出各項活動或服務屬性，並發展成問卷問項形式。
2.讓使用者針對這些屬性分別在「重要程度」與「表現程度」兩方面評級。重視程度係指使用者對產品或服務等屬性的偏好、重視程度；表現程度則指該項產品或服務的提供者在該項屬性上表現情形。
3.重要程度為橫軸，表現程度為縱軸；各屬性在重要與表現程度評定等級為座標，將各屬性標示在二維空間的座標中。
4.以等級中點為分隔點，將空間分成四象限；象限一：表示重要程度與表現程度皆高，落在此象限的屬性應該繼續保持。象限二：表示重要程度高但表現程度低；落在此象限內的屬性為供給者應加強改善的重點。象限三：表示重要程度與表現程度皆低，落在此象限內的屬性優先順序較低。象限四：表示重要程度低而表現程度高，落在此象限內的屬性為供給過度。但有些研究將座標的橫軸與縱軸定義互換，也就是重要程度為橫軸，表現程度為縱軸；那麼分析結

果時,第二與第四象限之定義必須互換。此外,黃建豐(2005)指出依據O'Sulliva在IPA座標圖中是以等級中點作為分隔點,及Hollenhorst等人認為要以重要(I)—表現(P)程度各自的總平均值(overall mean)為分隔點,比使用等級中點(middle point)的模式更具有判斷力,本研究亦屬此類。因此,本研究應用重要—表現程度分析法作為本研究之重視度分析,將研究顧客對國際會議的想法,當成「重要程度」,將對會議的實際體驗,當成「表現程度」,再依預期想法之重要程度與實際體驗之表現程度的總平均值作為X-Y軸的分隔點,切割成四個象限,以探討實際參加國際會議的顧客對於實際體驗的滿意度的想法與結果,將其結果提供舉辦會展人士參考。

 第三節　研究方法

本研究研究方法首先介紹服務機器人概念、研究架構、問卷設計、調查範圍、對象及分析方法,並對酒店內展覽機器人做進一步說明。

一、本研究迎賓服務機器人之簡介

此迎賓服務機器人,會從門口櫃檯前,領導客人至所需之處,並可使用觸控式螢幕。本研究迎賓服務機器人之配備介紹:

身高120公分,重量30公斤,身體直徑60公分,底盤為兩輪差速形式,兩動力輪其承受重量30公斤,平均每輪承受15公斤,機器人之行進速度為3秒內可達到每秒1.2公尺(此為剛啟動過程),經計算後每輪之扭力需大於0.072N*m,馬達功率15Watt,若以附件之Mitsubishi HC-MFS系

列，選50W AC servo motor即可頭部：使用人機界面觸控式螢幕、語音系統spec61A、雷射導引系統；身體內部：工業電腦PIC/8051、Computer、Controller、雷射掃描儀避障系統；身體外部：使用超音、波感測器前方180度；底部：馬達驅動器、馬達減速箱各2組、前後加裝惰輪2組、Battery 2顆。

二、研究架構

本研究提出之研究架構如**圖9-2**所示。根據文獻回顧，歸納出服務機器人服務屬性項目，並將其重視度與滿意度進行IPA分析，藉以瞭解顧客的服務之關鍵項目，提供A飯店業者作為行銷策略制定與人員訓練之參考。

三、問卷設計

本研究透過文獻回顧，整理歸納出10題與國際會議服務屬性相關之問項，並採用李克特五點評量尺度進行封閉式問項方式設計；各欄以五點評量尺度衡量，勾選「1」表示非常不重要、非常不滿意；勾選「5」表示非常重要、非常滿意，對象為曾經參與服務機器人之顧客進行調查研究。

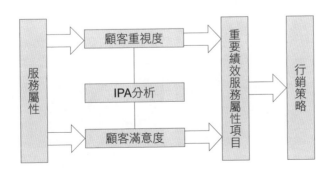

圖9-2　研究架構圖

四、調查範圍、對象及分析方法

本研究係以曾經參加過A飯店服務服務機器人表演之顧客為研究對象,並採用便利抽樣法進行顧客問卷的蒐集,於2013年11月15日至31日間發放正式問卷,總共發出30份問卷,實際回收問卷30份,問卷回收率為100%,並透過統計套裝軟體SPSS作為統計分析的工具,針對回收問卷進行資料之處理,主要分析方法有敘述性統計分析、次數分配統計、重要─表現程度分析等方法。

五、酒店內展覽機器人

以下為A飯店這次展覽的機器人,包括三種機器人:動態偉特小金剛機器人、靜態金剛保鑣機器人及麵食創意機器人。

動態偉特小金剛機器人走紅地毯　　動態偉特小金剛機器人問候客人
資料來源:作者拍攝。

靜態金剛保鑣機器人　　　　　　　靜態金剛保鑣機器人

　資料來源：作者拍攝。

麵食創意機器人　　　　　　　　　麵食創意機器人

　資料來源：作者拍攝。

 第四節　結論與建議

一、結論

本計畫結論包括受訪者樣本基本資料及消費者重視度與滿意度分析、建議及研究限制，說明如後：

(一)受訪者樣本基本資料

本小節擬就消費者之基本資料結構，包含性別、年齡、教育程度、職業、每月至本店頻率、消費目的、如何知道本店七項敘述。飯店管理者可根據**表9-2**所示，對其消費者（N=300）的個人背景資料作進一步的分析瞭解，將有助於未來的行銷策略擬定。

(二)消費者重視度與滿意度分析

根據受訪者對A飯店服務機器人重視度與滿意度比較發現，受訪者重視度之平均值介於3.69～4.42間，消費者普遍認為機器人結合酒店行銷是重要的（**表9-3**）。

表9-2　消費者─受訪者之背景資料表

人口統計變項	變數屬性	樣本數N=300	百分比%
性別	男	160	47%
	女	140	43%
年齡	19歲以下	10	3%
	20～29歲	130	44%
	30～39歲	60	20%
	40～49歲	30	10%
	50～59歲	60	20%
	60歲以上	10	3%

表9-2 消費者—受訪者之背景資料表

人口統計變項	變數屬性	樣本數N=300	百分比%
教育程度	國（初）中	0	0
	高中（職）	90	30%
	大學專科	150	50%
	研究所（含）以上	60	20%
職業	家庭主婦	30	10%
	學生	70	23%
	上班族	140	47%
	自由業	40	13%
	其他（教職）	20	7%
每月至本店頻率	1次	180	60%
	2～4次	70	23%
	5～7次	0	0
	8次以上	50	17%
消費目的	聚會	20	7%
	閱讀	20	7%
	享受空間氣氛	40	13%
	公務	80	37%
	看機器人	90	30%
	其他（住宿或旅遊）	50	16%
如何知道本店	朋友介紹	120	40%
	報章雜誌	10	3%
	宣傳單	60	20%
	路過	60	20%
	其他（網路）	50	17%

　　重視度前三項依次為：服務機器人帶來的新鮮感（4.42）、本店設計風格（機器人主題）（4.15）、服務機器人帶來的話題性（4.08）；而最不重視的前三名為：服務機器人所提供的服務（3.69）、服務機器人的走秀（3.81）、服務機器人介紹指引（3.92）。

表9-3　消費者─重視度與滿意度分析表

編號	問卷項目	重視度		排序	滿意度		排序
		平均數	標準差		平均數	標準差	
1	服務機器人帶來的新鮮感	4.42	1.17	1	4.00	0.96	2
2	服務機器人帶來的話題性	4.08	1.20	3	3.96	0.95	4
3	服務機器人所提供的服務	3.69	1.27	10	3.50	1.02	10
4	服務機器人的走秀	3.81	1.28	9	3.69	1.11	6
5	服務機器人的造型	3.96	0.79	5	3.62	1.11	9
6	服務機器人介紹指引	3.92	0.69	8	3.69	1.06	6
7	本店設計風格（機器人主題）	4.15	0.77	2	3.88	0.99	5
8	室內的裝飾品（機器人擺設）	4.00	0.80	4	4.08	0.98	1
9	對服務機器人的服務滿意	3.96	0.80	5	3.62	1.22	9
10	您對A飯店提供服務機器人整體的看法與滿意度	3.96	0.70	5	4.00	1.08	2

　　另外在滿意度方面，平均值介於3.50～4.08之間，顯示消費A飯店服務機器人滿意度尚有進步空間，值得去改進和探討。

　　滿意度前三項依次為：室內的裝飾品（機器人擺設）（4.08）、您對A飯店提供服務機器人（4.00）、服務機器人帶來的新鮮感（4.00）、服務機器人帶來的話題性（3.96）；而最不滿意的前三名分別為：服務機器人所提供的服務（3.50）、服務機器人的造型（3.69）、服務機器人的走秀（3.69）。

　　經彙整上述資料分析結果並予比較得知，消費者對A飯店服務機器人的重視度與滿意度有所不同。但消費者對於A飯店提出的創意行銷將機器人帶入飯店是持正面且肯定滿意的，根據**表9-3**重視度的前三項得知：酒店消費者對於「服務機器人帶來的新鮮感」覺得最重要且也帶來話題性。此外，飯店顧客對於服務機器人的滿意度整體而言尚可，但根據**表9-3**，顧客滿意度中服務機器人所提供的服務、服務機器人的造型及服務機器人的走秀為其最不滿意的前三名，因此，飯店管理者及學校研發者針

對此部分應進一步瞭解與改進。

二、建議及研究限制

本研究目的在對於A飯店服務機器人滿意度之調查，以瞭解消費者對A飯店推出的服務機器人之行銷策略，主要以顧客角度，瞭解其滿意度，提供餐旅業者經營之參考，並希望能提供中A飯店管理者與A科技大學未來服務機器人研發之參考。本節建議如下：

(一)技術層面

由於飯店無線電通訊不良，無線網路不穩定，導致系統穩定性較差。因此，有時產生服務機器人無法與機器操控者同步，會有失控如連不上機器主控台或者爆衝之情況產生。因此，建議下次有機會合作應盡量減低其無線電通訊不良的問題。

(二)消費者建議面

1.希望服務機器人能更人性化且加強其功能，更具吸引力。

2.希望服務機器人至少手腳其中有一種可以移動，將更能取悅觀看者。

3.希望服務機器人之外型可以加強其美觀度。

4.希望服務機器人之導覽解說介紹內容可以更豐富與詳細，如A飯店之介紹。

5.希望飯店可於一段時間後更換不同的主題。

6.消費者希望服務機器人能更聰明一點，自己能走動，而非由員工遙控機器人。

(三)研究限制

1. 因飯店人力問題，工作人員太忙，以至無法於晚上7:20～7:30展示偉特小金剛機器人走紅地毯。

2. 由於飯店主要以住宿為主，因此顧客主要以團體居多，團體客check in之後，可能因為比較累，進房後就比較不會下來一樓欣賞偉特小金剛機器人的介紹。

3. 有些消費者非華文體系，中文無法溝通，故比較無法瞭解偉特小金剛機器人。

4. 有消費者對偉特小金剛機器人很感興趣與好奇，希望能進一步知道機器人的構造等問題，由於操作人員對機器內部研發不甚清楚，因此無法回答消費者的問題。

以上問題，有可能導致消費者對酒店提供服務機器人之滿意度稍顯不足，這也是酒店業者與學校研發展者可以進一步思考與改進之處，將有益於提升顧客滿意度。

 # 第五節　角色扮演

一、腳本

兩位學生參與這角色扮演，可以在教室外或者在教室內練習。一位同學扮演A學生，另一位扮演B學生。請讀下面的劇本並選擇你自己的腳本。

A學生：在課堂上老師說實務專題製作可以跟業界產學合作，聽起來好像很不錯喔！你覺得如何呢？

B學生：我個人也覺得也很棒，老師說實務專題以產學合作方式，一

方面可以跟產業界互動且有可能得到一些執行產學合作的經
費，又可以提高產業界產品品質與服務品質，理論跟實務配
合，我想實務專題製作或許可以考慮這產學合作案喔？

A學生：不過執行產學合作案會不會很難？不知道我們是否有能力去
執行呢？

B學生：我也不是很清楚我們能不能執行產學合作案？哈，不過什麼
攏不驚，向前行……你可以繼續探索下去就知道了……

繼續延伸思考……

A學生：那我們就上網找找資料，找時間再去請教老師如何執行產學
合作案？如何提計畫案？

B學生：對喔！除了計畫案外，如何跟企業界申請經費？以及如何簽
產學合作計畫合約書？我們應該要準備哪些資料與文件才能
申請產學合作呢？

讓我們一次回答一個問題。是的，學生可以至學校研發處的產學研
發中心，下載產學合作計畫申請表（**表**9-4）、產學合作計畫合約書（**表**
9-5）及產學合作經費預算表（**表**9-6）及執行計畫案後的學產學合作結案
通知單（**表**9-7）。

二、討論

1.請問實務專題製作若已執行產學合作計畫案時，需要填寫哪些表
格？

2.請問完整的實務專題製作的計畫書應該包含哪些步驟與內容？

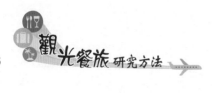

表9-4 A科技大學產學合作計畫申請表

計畫編號				（由研發處填寫）
會計編號				（由會計室填寫）
計畫名稱				
計畫類別	□專案研究專案訓練□技術服務			
公司名稱		負責人		
執行期間		聯絡人及電話		
公司地址		FAX		
公司資料	1.公司員工人數： 2.公司成立日期： 3.公司資本額：新台幣　萬元 4.公司年營業額：新台幣　萬元 5.公司股票上市狀況：□上市 □上櫃 □公開發行□未公開發行 6.公司所屬產業別： 7.公司主要營業項目（請分列）：			

計畫主持人		職稱		系所		聯絡電話	
共同主持人 （選填）		職稱		系所		聯絡電話	

計畫內容	
計畫設備需求	請計畫主持人確認計畫設備需求：（請勾選一項） □本計畫於校內設置手機基地台相關通信設備。 計畫主持人簽章：　　　共同主持人簽章：

會辦單位	承辦人	組長	單位主管	備註
□總務處出納組				□預開收據第 1 期 　NT：120,000元（選填）
□人事室				
□會計室				

承辦單位		研發處		校長批示
計畫主持人		承辦人		
行政支援人員		組長		
單位主管		處長		
學院				

表9-5　產學合作計畫合約書

立合約書人　　A科技大學　（以下簡稱甲方）
　　　　　　　　　　　　　（以下簡稱乙方）

為配合國家建設發展之需求，培養實用技術人才參加建設行列，及改進生產技術，以提高產業界產品品質與生產力，雙方同意產學合作，特訂定本合約。

一、產學合作以彼此互惠為原則，其合作事項如後：

(一)計畫名稱

(二)合作期間：本合約有效期間為　　年　　月　　日起至　　年　　月　　日止，甲方工作進度如因事實需要延期，得經由雙方同意後延長之，延長期間所需之各項費用，乙方不另支付。

(三)若計畫內容將於甲方校內之開放公共空間設置任何研究設備，計畫主持人須經甲方校務發展委員會同意後，向甲方總務處申請辦理後始得設置。

(四)本計畫內容不得涉及於甲方校內設置手機基地台相關通訊設備，若查明有設置之實，甲方有權終止合約。

(五)乙方在不妨礙工作情況下允許甲方學生前往參觀或搜集資料，藉之增進其對電腦多媒體應用方面之瞭解。甲方學生須遵守乙方各項管理規則，如有違反者，乙方得通知甲方輔導其改善。

(六)甲方應乙方委託代為研究有關技術問題及對乙方經營之事業作全盤之研討，於合作期滿前須提出改進意見及研究成果。

(七)計畫經費：本案由乙方提供甲方計畫經費總計新台幣_____元整，於合約生效後分____期付款，然乙方若未遵期給付者，經甲方以書面通知乙方給付仍未付者，甲方得以終止本合約，並將其已受領自乙方之計畫經費中未使用之部分，無息返還乙方，但如有代乙方墊付之費用仍得請求乙方償還。

(八)甲方應依計畫書之約定，進行本研究。並依計畫書之規定繳交成果報告，成果之內容及格式依甲乙雙方約定辦理。

二、計畫研究成果之歸屬與權益（非專屬授權權利）

(一)本計畫所產出之研究成果屬甲方所有，甲方得發表相關之學術論文，惟為使乙方實施使用本研究成果製造相關產品，甲方同意本合約生效日起____年內乙方享有非專屬授權權利。

(二)甲方若無意為智慧財產權之申請時，乙方經甲方書面同意後得提出申請，申請之費用由乙方支付。

三、本合約及「A科技大學研發成果與技術移轉管理辦法」未盡事項，經雙方同意後得隨時修訂或補充之。

四、合約解釋及合意管轄

(一)本合約書應依中華民國之法律解釋及適用。

(二)本合約衍生之法律爭議糾紛，經甲方同意後，得於台中市提付仲裁，並依中華民國仲裁法解決；若因本合約而涉訟時，雙方特此同意以台灣台中地方法院為第一審管轄法院。

五、本合約書一式三份，乙方執壹份，甲方留兩份為憑。

訂約人

　　甲方：A科技大學

　　　　代表人

　　　　　姓名：

　　　　　職稱：校長

　　　　　地址：

　　　　　統一編號：57301337

計畫主持人

　　姓名：

　　服務單位及職稱：

　　乙方：＿＿＿股份有限公司

　　　　代表人（兼連帶保證人）

　　　　　姓名：

　　　　　職稱：

　　　　　統一編號：

　　　　　地址：

中　　華　　民　　國　　　　年　　　　月　　　　日

表9-6　A科技大學產學合作經費預算表

執行系科：　　　　　　　　　　合作廠商：
計畫名稱：

項目		分配金額		説明
		廠商產學合作計畫經費	校內獎補助款 □12%（無技術轉移） □15%（符合技轉規定）	
儀器或軟體設備費				※校內獎補助款以購置教學研究所需設備為原則（不得採購軟體設備），設備費金額如未達一萬元者得改為業務費。
經常費	業務費			※校內獎補助款業務費金額之編列不得超過補助款總額之1/3。 ※校內獎補助款業務費不得購買圖書，圖書須用設備費採購，且購買之書籍須列入校內典藏。 （項目請詳列於説明欄位）
	材料費			
	維護費			
	旅運費		──	
	人事費		──	※人事費金額不得超過「經常費」70%。含計畫主持人、協同主持人、協同研究人員等之酬勞。（細目如人事費預算表）
行政管理費			──	※專案研究、專案訓練：提列「計畫經費」之15%由學校統籌運用。 ※技術服務：提列「計畫經費」之25%由學校統籌運用。

（續）表9-6　A科技大學產學合作經費預算表

先期技術移轉授權金		——	※先期技術移轉授權金相關規定詳如下方。 ※若編列，須為「計畫經費」之15～30%。
小計			
總經費合計	萬　　仟　　佰　　拾　　元整		

※校內獎補助款計算方式：

1.計畫編列之行政管理費符合本校規定者，其補助額度為計畫簽約總金額之12%。

2.計畫編列之行政管理費低於本校規定且經校長核定者，其補助額度為計畫簽約總金額×12%×（計畫實際編列行政管理費比例／本校規定行政管理費比例）

3.若計畫有簽訂先期技術移轉授權金且金額高於產學合作計畫簽約總金額之15%，其補助額度提高為計畫簽約總金額之15%。

※先期技術移轉授權金相關規定：

1.先期技術移轉授權金：計算在產學合作經費預算表內。

計畫主持人：　　　　　單位主管：　　　　　　研發處：

表9-7　A科技大學產學合作結案通知單

計畫名稱		計畫編號	
委託單位		執行單位	
計畫經費		執行期間	

一、需求概況：

　

　

　

二、服務概況：

　

　

　

三、自我評估及建議事項：

　

　

　

四、成果摘要：

　

　

執行單位		研究發展處		批示
計畫主持人	所系主管	產學合作組	處長	校長

貼心叮嚀

　　個案探討是科學研究方法的一種,其研究對象可以是某個人、某個機構,或某種事情所發生原因、經過及實際情形,運用技巧對特殊問題能有確切深入的認識,並作為處理和改革的依據。執行個案的優點為形式靈活多樣,方法不拘一定格式。因此,個案調查的最大優勢是可以對調查對象進行全面地、深入地、系統地調查研究。利用實務專題研究課程,主要透過個案探討,學生能有機會與業界互動,且業界能透過學校協助提升企業的產能或服務。希望在產學合作的過程中,表現良好的學生畢業後也有機會至該企業服務,達到對學校、企業及學生的多贏局勢。

Chapter 10

產學合作計畫實務專題

　　本章實務專題製作學生可以選擇以產學合作專題為主。塑造親產學的校園環境一直是推動產學合作重要的一環，因此各大專院校時有舉辦創業競賽或開設創業相關課程。為配合國家建設發展之需求，培養實用技術人才參加建設行列，及改進生產技術，以提高產業界產品品質與生產力。在科技大學中，研究總中心長期以來致力推行產學合作推廣。產學合作是指產業界和學術界合作進行產品的開發或是產品相關問題的技術研究，可能是公司將一些研究專案委託學校的老師，由老師及其學生進行，由公司支付一定的費用，也有可能是老師將其專利授權給某公司使用，並進行技術轉移（維基百科，2018）。因此，本章節主要介紹利用實務專題研究課程。透過產學合作，學生能有更多機會與業界接觸，在真實的環境中學習，達到做中學（learning by doing）的功效，相信學生透過產學合作以提升學生畢業後的就業競爭力。

　　本章分為四部分，第一部分為研究背景與動機、瞭解研究目的、研究流程；第二部分為文獻探討（本研究因篇幅問題，就不呈現這部分，但在提產學合作計畫案時最好呈現此部分）；第三部分研究方法、進行步驟及執行進度；第四部分為結論與建議，說明如下：

🚌 第一節　前言

　　本小節包含研究背景與動機、個案廠商背景、研究目的及研究流程等，說明如下：

一、研究背景與動機

　　我國的產業結構已蛻變為以服務業為主的產業型態，政府為能在

此經濟結構轉型之際能維持國家競爭優勢，因此在整體發展策略上，不斷強化知識經濟與服務業經濟，期能集中資源。根據台灣會展產業調查（2018）我國會展產業概況，2017年會展總產值約為440億元，占GDP比值為0.27%；2017年會展產業之經濟乘數估算結果就產出而言，核心效果的乘數為6.64，直接效果的乘數2.17，代表會展核心業別所帶動的整體經濟產值，將為本身的6.64倍，且會展產業所帶動的整體經濟產值，將為本身的2.17倍。由上得知會展產業具有發展潛能，而發展國際會展技術及往人才培育重鎮等方向發展，以達成我國會展產業產值倍增、扶植會展業者國際化發展及塑造台灣成為國際會展重要國家的願景。因此，本研究以會展為研究主題。

會展產業於全球各國家／地區的分布狀況：2015年參展依檔次來看前五大分別是中國205次、德國71次、美國55次、香港52次、日本44次；2015年參展依檔次來看前五大城市分別是上海104次、東京45次、香港44次。依據ICCA資料顯示，台灣在2005年至2014年間舉辦之全球協會會議的次數，跟達東南亞鄰近十二個國家／地區的平均水準；然相較於高舉辦會議次數的國家／地區，台灣仍然存在成長空間（台灣會展產業調查，2018）。根據2018年6月交通部觀光局觀光統計，發現來台旅客訪台目的最多者為觀光，約占71.22%，其次為業務，約占6.93%，而以參加會議為主的僅占0.62%及參加展覽為0.15%。由上得知會議展覽為亞洲國家所重視，亦可增加國內生產總額，台灣政府目前亦積極推動國際會展，台灣國際會展旅客目前共僅占來台旅客0.77%。若以亞洲會展發展趨勢而言，台灣會議展覽產業有著極大的發展潛力及空間。

尤其在講究服務的時代，顧客滿意已是企業界所重視，不論在歐美或日本，莫不以追求顧客滿意為發展的方向之一。同樣地，在激烈的競爭環境中，台灣的旅館業若要舉辦國際會議，除了相關硬體設施要符合國際水準和提供良好的服務品質外，旅館業要如何成功地經營，還必須取決

於顧客對服務屬性是否重視及滿意。也就是說，若旅館業者付出的代價（服務屬性）和顧客所重視的是一致的，自然飯店居此優勢競爭較易將客源搶到手；相反地，顧客若對服務屬性並不重視，但企業卻付出高代價，相形之下企業所付出的代價等於是浪費資源於不必要的設施上。因此，本研究將針對A大飯店顧客的重視度與顧客滿意度來研究，並瞭解顧客重視的方向，進而可以提供業者訂定行銷策略及人力資源管理與應用之參考，同時更希望能藉此提升台灣舉辦國際會議的能力，使台灣會展產業能推向國際化。

二、個案廠商背景

A大飯店為五星級國際觀光大飯店，與洲際飯店集團（InterContinental Hotels Group）簽訂經營技術協定，並經評定為此一系統中之Crowne Plaza飯店等級。

飯店內部擁有300間設備齊全而寬敞的客房，並具備全功能之皇冠貴賓樓層與商務中心，五個各具特色之餐飲單位，包括粵式中餐廳、異國風味西餐廳、夜總會、雅苑、大廳酒吧等提供客人多元化之服務。另備有健身中心、長青房及三溫暖等多項貼心設施。

A大飯店座落於台北市繁華商圈的中心位置，鄰近外貿協會、世貿中心、汐止與南港工業區，以及東區購物中心和觀光休閒區，更可遠眺國父紀念館，至中正國際機場只需四十五分鐘，無論是出差洽公或是觀光旅遊，A大飯店都是您的最佳選擇。

A大飯店之會議設施及服務介紹如下：

1.多功能會議廳（multi-functional room）：商務會議的完美呈現，需要專業的場所與細緻的服務。多功能會議室提供完善的會議場地、視聽設備、最先進的視訊會議器材及各項周邊設施，都能滿足宴客

或會議需求，不論是大型會議乃至於小型發表會、私人聚會或是主
題宴會；專業服務人員細心確認、控管流程，使會議圓滿順利。

2. 典雅宴會廳（banquet hall）：格局工整的A大飯店宴會廳，簡雅的
設計風格，襯托出豪華的氣勢。此外，高水準的專業服務及各式精
緻餐點，造就賓主盡歡、完美宴會的典範，深獲各界好評。國際
宴會廳可容納350位貴賓，依活動聚會之型態作適切之場地安排，
可舉辦中式宴席、西式宴席、中西式自助餐與雞尾酒會，是婚禮宴
席、家庭歡聚、公司餐會與商務會議的理想場所。

因此，本研究將針對A大飯店國際會議服務品質之管理作研究。希望
藉此探討顧客對會議服務品質的滿意度，使業者能依其方向去滿足顧客的
需求，也可以省去不必要的預算，以提升A大飯店及台灣舉辦國際會議的
能力，並使台灣會展產業能推向國際化。

三、研究目的

根據上述研究計畫背景，本計畫的主要目的如下：

由於台灣的旅館業者處在競爭力這麼大的環境下，旅館業要在MICE
產業中開創出一條新的商機，那麼會展的管理與規劃將是未來旅館業者值
得探討的議題。所以本研究欲從顧客角度去瞭解哪些服務品質屬性是顧客
所重視的，因此，研擬出下列研究目的：

1. 瞭解顧客實際參與在A大飯店舉辦之國際學術會議的服務品質滿意
度。
2. 提升A大飯店國際會議之服務品質。
3. 提升A大飯店及台灣舉辦國際會議的能力。
4. 提供A大飯店舉辦MICE之參考。

5.促進學校師生國際會議專業職能提升，且達到人才培育目標。

6.提升學生術研究能力。

四、研究流程

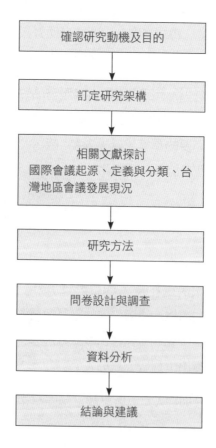

確認研究動機及目的

訂定研究架構

相關文獻探討
國際會議起源、定義與分類、台
灣地區會議發展現況

研究方法

問卷設計與調查

資料分析

結論與建議

圖10-1　研究流程圖

 專欄 **會議會展產業**（MICE）

　　會議展覽（MICE）產業包含：會議（Meetings）、獎勵旅遊
（Incentives）、大型國際會議（Conventions）及展覽（Exhibitions）。
會展產業具備多元整合之特性，且具有乘數效果，可帶動該國的相關產業
及觀光業成長，龐大的經濟效益使會展產業有火車頭產業之稱。會議展覽
產業具有：(1)三高——高成長潛力、高附加價值、高創新效益；(2)三大
——產值大、創造就業機會大、產業關聯大；(3)三優——人力相對優勢、
技術相對優勢、資產運用效率優勢。會展產業不僅結合了第二級產業的生
產、加工與製造，更需要行銷、餐飲及觀光等第三級產業之配合，產業特
性介於製造業與服務業之間，近來被稱為2.5產業。目前MICE亞洲地區發
展快速，而我國在MICE產業，不管在硬體或軟體皆有很大的發展空間。

 第二節　研究方法

　　本研究提出之研究架構，如**圖**10-2所示。首先根據文獻回顧及專家
訪談結果，歸納出國際學術會議的服務屬性項目，並將其重視度與滿意度
進行重要－表現程度分析（IPA），藉以瞭解與會人士對服務屬性的重視
項目及應優先改進之關鍵服務屬性項目，瞭解消費者對A大飯店的商務中
心設備與服務的重視度與滿意度，以提供旅館管理者作為行銷策略制定與
人員訓練之參考。本小節包含研究架構、問卷設計、調查對象及分析方法
等，簡述如下：

一、研究架構

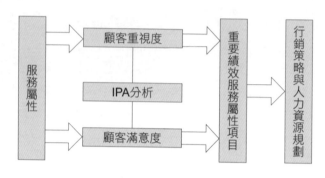

圖10-2　研究架構圖

二、問卷設計

(一)專家深度訪談

　　本研究為瞭解在會議產業中，經常有機會舉辦及參加國際會議的人士，對國際學術會議應有的服務屬性之看法及要求。因此，本研究第一階段進行專家深度訪談，對象為國內經常主辦國際會議的民間社團及國內會議顧問公司。訪談名單如**表10-1**所示。並經由文獻資料彙整及針對會議產業特性擬定之訪談大綱如下：

1.請問您認為台灣舉辦國際學術會議的能力如何？是否有足夠能力邁向國際化？

2.請問您認為台灣舉辦國際學術會議應具哪些實體設備？依您專業的角度認為有哪些是與會人士較重視的？

3.請問您認為台灣舉辦國際學術會議時服務人員應具備哪些專業素養？依您專業的角度認為有哪些是與會人士較重視的？

4.請問您認為台灣舉辦國際學術會議時餐飲部分應提供怎樣的服務？依您專業的角度認為有哪些是與會人士較重視的？

5.請問您認為台灣舉辦國際學術會議時住宿安排應該提供怎樣的服務？依您專業的角度認為有哪些是與會人士較重視的？

6.請問您認為台灣舉辦國際學術會議時交通安排應該提供怎樣的服務？依您專業的角度認為有哪些是與會人士較重視的？

7.請問您認為台灣舉辦國際學術會議時會後是否應該安排旅遊行程？若需要的話，依您專業的角度認為有哪些是與會人士較重視的？

8.請問您就依您的經驗而言在台灣舉辦國際學術會議最常發生的問題有哪些？依您專業的角度認為有哪些服務是與會人士最重視的？

9.感謝您在百忙之中接受我們的訪談，請問您對會展產業有無更具體看法，可供本研究參考。

(二)問項設計

第二階段，再根據文獻回顧及專家訪談後，整理歸納出36題與國際會議服務屬性相關之問項，如**表10-1**。並採用李克特五點評量尺度進行封閉式問項方式設計；設計問卷題項，各欄以五點評量尺度衡量，勾選「1」表示非常不重要、非常不滿意；勾選「5」表示非常重要、非常滿意，對象為曾經參與國際學術會議之顧客進行調查研究。

三、調查對象及分析方法

本研究係以依據交通部觀光局（2006）統計的六十家國際觀光旅館為研究範圍，並以曾經參加過國際學術會議的與會人士為研究對象，並採用便利抽樣法進行顧客問卷的蒐集。其顧客樣本數大小係根據統計的抽樣計算下（採抽出不放回），假設有效問卷回收率為P，無效問卷回收率為

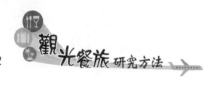

表10-1　問卷題項參考來源

	題項	參考來源
1	停車場很便利	Barsky & Labagh (1992)、Cadotte & Turgeon (1988)、Gallen (1994)
2	會場位置交通便利	葉泰民（1999）、蕭玉華（2005）、Renaghan & Kay (1987)、訪談內容
3	會場燈光照明很舒適	郭德賓（1998）、蕭玉華（2005）、Renaghan & Kay (1987)、訪談內容
4	會場空調很適宜	郭德賓（1998）、蕭玉華（2005）、Renaghan & Kay (1987)、訪談內容
5	會議室座位很舒適	蕭玉華（2005）、呂秋霞（2005）、訪談內容
6	會議室隔音良好	呂秋霞（2005）、郭德賓（1998）、Atkinson (1988)、訪談內容
7	報到空間足夠	呂秋霞（2005）、蕭玉華（2005）、Renaghan & Kay (1987)、訪談內容
8	各項會議專業視聽器材配備完善	葉泰民（1999）、郭德賓（1998）、Barsky & Labagh (1992)、訪談內容
9	提供同步翻譯器材	葉泰民（1999）、郭德賓（1998）、Barsky & Labagh (1992)、訪談內容
10	電腦網路系統使用便利	郭德賓（1998）、蕭玉華（2005）、Barsky & Labagh (1992)、訪談內容
11	電梯數量足夠使用	郭德賓（1998）、蕭玉華（2005）
12	洗手間十分清潔	Cadotte & Turgeon (1988)、訪談內容
13	人員都經過良好訓練	葉泰民（1999）、訪談內容
14	提供服務的經驗很豐富	郭德賓（1998）、訪談內容
15	能夠誠心解決顧客的問題	郭德賓（1998）、Cadotte & Turgeon (1988)
16	有服務的熱忱	郭德賓（1998）、Atkinson (1988)、Gallen (1994)、訪談內容
17	語言能力足夠	葉泰民（1999）、Gallen (1994)、訪談內容
18	服務態度良好	Barsky & Labagh (1992)、Cadotte & Turgeon (1988)、訪談內容
19	穿著整齊得宜	郭德賓（1998）、訪談內容

（續）表10-1　問卷題項參考來源

	題項	參考來源
20	能夠提供迅速的服務	吳進益（2002）、蕭玉華（2005）、Gallen (1994)
21	有足夠的專業知識回答顧客的問題	葉泰民（1999）、訪談內容
22	能夠盡量滿足顧客的需求	吳進益（2002）、訪談內容
23	不會因為太忙而忽略顧客的需求	吳進益（2002）、訪談內容
24	碰到問題有良好的應變能力	呂秋霞（2005）、葉泰民（1999）、訪談內容
25	能準時提供服務	蕭玉華（2005）、Cadotte & Turgeon (1988)、Gallen (1994)
26	能在承諾的時間內提供服務	吳進益（2002）、蕭玉華（2005）、呂秋霞（2005）、Gallen (1994)
27	提供完善的周邊服務（旅遊／訂票等）	葉泰民（1999）、蕭玉華（2005）
28	使顧客有受重視的感覺	吳進益（2002）、訪談內容
29	用餐區清潔舒適	蕭玉華（2005）、Cadotte & Turgeon (1988)、Gallen (1994)、訪談內容
30	提供的餐飲內容符合顧客的需求	蕭玉華（2005）、Barsky & Labagh (1992)、Gallen (1994)、訪談內容
31	可提供主題晚宴的規劃	蕭玉華（2005）、訪談內容
32	飯店設施的完善	葉泰民（1999）、郭德賓（1998）、Barsky & Labagh (1992)
33	飯店與會展中心之間的交通接駁	吳進益（2002）、Barsky & Labagh (1992)、訪談內容
34	會後之旅遊規劃	葉泰民（1999）、蕭玉華（2005）、訪談內容
35	提供接機的服務	吳進益（2002）、Barsky & Labagh (1992)、訪談內容
36	成立危機應變小組	葉泰民（1999）、Cadotte & Turgeon (1988)、Gallen (1994)、訪談內容

資料來源：本研究整理。

（1－P）＝q，並在（1－α）的信賴區間及誤差不超過e的情況下，本研究之計算公式如下：

$$N \geq \frac{Z^2 \alpha/2^* \, pq}{e^2}$$

其中，

N：樣本數

α：信賴區間

P：有效問卷回收率

q：無效問卷回收率

e：誤差值

　　本研究在前測問卷設計完成之後，並於2007年1月10日～15日進行問卷的前測。在這期間共發出40份問卷，實際回收37份，扣除未填答或填答不完整與整頁勾選同一排答案者列為廢卷之無效問卷5份，得到有效問卷數為32份，有效問卷回收率為80%。為了衡量問卷題項是否具有可靠性，要視其測量結果的一致性或穩定性而定（邱皓政，2004）。因此本研究首先採用信度分析衡量其內部一致性的Cronbach α係數作為衡量調查工具之可靠性，經由SPSS軟體測得Cronbach α係數為0.9244。另外為求其問項表達是否清楚明確，本研究透過專家的建議及項目分析發現，前測問卷題項2、3、4、9、15、27、33、35、36的顯著值皆大於0.05（請參見**表10-2**），表示這些題項為不顯著，因此決定予以刪除以增加問卷的效度。

　　經由以上調整後，正式問卷的題數從36題減少到27題，並且在（1－α）為95%的信賴區間，誤差值e＝5%，有效問卷回收率P＝80%的情況下，計算後所需之有效樣本數為246份。並於2007年1月16日～2月25日間發放正式問卷，總共發出350份問卷，實際回收問卷320份，問卷回收率為

表10-2　前測問卷項目分析表

題號	題項	顯著性（雙尾）	題號	題項	顯著性（雙尾）
1	停車場很便利	0.003	19	穿著整齊得宜	0.007
2	會場位置交通便利	0.209	20	能夠提供迅速的服務	0.004
3	會場燈光照明很舒適	0.073	21	有足夠的專業知識回答顧客的問題	0.016
4	會場空調很適宜	0.270	22	能夠盡量滿足顧客的需求	0.000
5	會議室座位很舒適	0.049	23	不會因為太忙而忽略顧客的需求	0.006
6	會議室隔音良好	0.017	24	碰到問題有良好的應變能力	0.006
7	報到空間足夠	0.000	25	能準時提供服務	0.017
8	各項會議專業視聽器材配備完善	0.022	26	能在承諾的時間內提供服務	0.017
9	提供同步翻譯器材	0.092	27	提供完善的周邊服務（旅遊／訂票等）	0.418
10	電腦網路系統使用便利	0.049	28	使顧客有受重視的感覺	0.003
11	電梯數量足夠使用	0.035	29	用餐區清潔舒適	0.049
12	洗手間十分清潔	0.017	30	提供的餐飲內容符合顧客的需求	0.000
13	人員都經過良好訓練	0.044	31	可提供主題晚宴的規劃	0.017
14	提供服務的經驗很豐富	0.017	32	飯店設施的完善	0.012
15	能夠誠心解決顧客的問題	0.073	33	飯店與會展中心之間的交通接駁	0.096
16	有服務的熱忱	0.017	34	會後之旅遊規劃	0.011
17	語言能力足夠	0.003	35	提供接機的服務	0.687
18	服務態度良好	0.003	36	成立危機應變小組	0.496

91.43%，經剔除填答不完整與資料漏失卷之問卷，其有效問卷為267份，無效問卷為53份，有效問卷回收率為83.34%（**表10-3**）。並透過統計套裝軟體SPSS作為統計分析的工具，針對回收問卷進行資料之處理，主要分析方法有敘述性統計分析、效度分析、信度檢定、次數分配統計、重要

表10-3　研究樣本回收表

發出問卷數	回收問卷數	問卷回收率	有效問卷數	無效問卷數	有效回收率
350份	320份	91.43%	267份	53份	83.34%

資料來源：本研究整理。

一表現程度分析等方法。

　　本研究問卷評量工具採用李克特五點評量尺度之封閉式問卷。根據文獻回顧及專家訪談後，整理歸納出36題與國際會議服務屬性相關之問項。

 ## 第三節　結果與建議

一、研究結果

(一)國際會議服務屬性因素

　　本研究係利用探索性因素分析，將二十七項之服務屬性問項萃取濃縮出「顧客至上」、「員工態度」、「實體設備」及「關懷體貼」等四大構面。其中「顧客至上」構面的特徵值達到40.443%，為此四大構面比例最高者，因此本研究認為「顧客至上」中的七個問項（「碰到問題有良好的應變能力」、「能準時提供服務」、「能在承諾的時間內提供服務」、「使顧客有受重視的感覺」、「用餐區清潔舒適」、「提供的餐飲內容符合顧客的需求」及「飯店設施的完善」）是與會人士認為滿意的服務屬性因素。

(二)國際會議服務屬性之重視度與滿意度

本研究初以SPSS統計軟體，分析顧客對二十七個問項之服務屬性，個別針對重視度與滿意度，直接擇其平均值，再依平均值排名其重視度與滿意度。由於平均值只能看出應注意之服務屬性項目，並未涉及重視度與滿意度相互關係，為讓其更具管理意涵，再予執行IPA分析，將重視度與滿意度合併考慮，明確求得提升顧客滿意度重要績效服務態度項目。

發現落在 I 象限及 II 象限的問項是與會人士較重視項目，包括 I 象限的十三項服務屬性，例如：停車場很便利、各項會議專業視聽器材配備完善、服務態度良好等，以及 II 象限四項服務屬性，例如：能夠提供迅速的服務、碰到問題有良好的應變能力等。

此外，落在 I 象限及IV象限的問項為與會人士較滿意項目，包括 I 象限的十三項服務屬性，例如：停車場很便利、洗手間十分清潔、用餐區清潔舒適等，以及IV象限二項服務屬性，例如：穿著整齊得宜、飯店設施的完善。

另外本研究將顧客滿意部分就「顧客至上」、「員工態度」、「實體設備」及「關懷體貼」等四大服務屬性構面，其個別推論意涵如下：

1. 就「顧客至上」構面而言，與會人士高滿意度的項數有五項，其中占高滿意之十五項服務屬性百分比為33.33%，顯示僅三分之一與會人員感到滿意，因此在「顧客至上」之服務屬性構面，仍有待旅館業者提升。

2. 就「員工態度」構面而言，與會人士高滿意度的項數有三項，其中占高滿意之十五項服務屬性百分比為20%，顯示多數與會人士不滿意，因此在「員工態度」之服務屬性構面，旅館業者應多多加強員工訓練，甚至訂定一套屬於會議服務的SOP流程，讓員工能更清楚瞭解服務屬性細則。

3. 就「實體設備」構面而言，與會人士高滿意度的項數有四項，其中占十五項服務屬性百分比為26.67%，顯示多數旅館所提供的設備無法滿足與會人士的要求，因此在「實體設備」之服務屬性構面，旅館業者應考量多編列預算，擴充軟硬體設備，以滿足與會人士的需求。

4. 就「關懷體貼」構面而言，與會人士高滿意度的項數有三項，其中占十五項服務屬性百分比為20%，顯示多數與會人士不滿意，因此在「關懷體貼」之服務屬性構面，旅館業者應多以顧客角度為出發點，教育第一線服務人員由「顧客」的角度，思考如何提供服務的方式及內容，創造滿足顧客需求的正向價值，以心悅誠服、近乎苛求的態度為服務準則，使國際觀光旅館等相關產業之營運能切合時代的潮流，發揮其極致的服務精神。

二、管理意涵

(一)行銷管理方面

◆地理位置

由於大部分的國際觀光旅館都位處於當地的市中心，因此可說是當地的另一種地標；相對地，要在大都市裡找到一個停車位，真的是一位難求。因此旅館本身除了有停車場可供顧客停車的優勢外，還設有代客停車的服務，如此一來可以解決匆忙或快要遲到的與會人士的困擾。此外，旅館還可以提供接送機的服務，以滿足對路況不熟或首次到台灣的與會人士。

◆場地設備完善

旅館本身除了提供住宿外，其周邊設備包括宴會廳、餐廳、泳池、

健身房等，宴會廳除了可提供一般喜宴舉行外，另外還可以提供舉辦大型會議使用。因此，除了少數會議中心可提供這麼大的場地，國際觀光旅館可說是國際會議主辦單位最好的選擇之一；旅館本身除了可提供寬敞的場地外，還可以解決客人住宿及飲食的問題，並且設有泳池、健身房、俱樂部等活動空間，可供顧客於會中或會後活動。

經由上述分析，本研究認為，旅館業者於行銷時，應加強下列數項：

1. 推廣策略，增加旅館正面印象的媒體曝光率，提高旅館形象及知名度，使顧客在平時即對本旅館印象較深刻，激勵想住的動機。
2. 異業結盟，場地跟價位是主辦單位考量會議舉行因素之一，因此，旅館業者在經營利益允許範圍內，可選定與幾家會議展覽業者合作，甚至可將原先的合作關係進展到合夥關係，一同爭取會議主辦機會。
3. 化被動為主動，將原先被供給的角色轉換成供給者的角色，配合政府或會議團體，積極爭取國際會議舉辦權。

(二)人力資源管理方面

◆「員工態度」構面之問項

本研究分析，此項結果乃由於目前旅館業的人力精簡，服務人員的工作負荷量重，加上員工薪資偏低且又需配合輪班，稍不如意即提出離職，加上目前我國國際觀光旅館的服務人員很多來自於兼職（part-time, PT）員工或學校實習生之故，以致顧客感受不到專業的服務。若是會議日期遇到假日或節慶旺季時，員工忙得不可開交之際，顧客需求就較容易被忽略，其服務態度的要求也較無法達到一定的水準，自然抑低顧客對員工態度滿意度。另外員工的語言能力不足，誤解顧客的意思，甚至嚴重到

耽誤會議的進度,也是造成顧客不滿的因素之一。

　　解決之道為加強兼職員工的服務態度訓練及與旅館相關科系學校建立良好的雙向建教合作關係,培養可用且具服務精神的學生,讓學生至飯店就能儘快進入狀況。另外可藉由國內外會議展覽專家及業者的經驗,透過內部教育訓練,讓服務人員清楚瞭解會議的流程,甚至訂定一套會議服務的標準作業流程(SOP),以供員工參考。此外,企業內部應經常舉辦語言課程計畫,以加強員工語言能力,並且可以訂定證照化制度,以作為員工薪資考量的標準依據。

◆「關懷體貼」構面之問項

　　本研究分析,此項結果乃由於部分與會人士為外地來的客人,因此希望此趟的會議行程空檔或會後,可以有機會瞭解當地的文化及景觀特色。或許有些主辦單位會安排,或許沒有,但旅館基於服務客人為原則,應提供旅遊景點規劃與安排,以滿足客人的需求。另外,讓顧客久候也是一種不重視顧客的行為,尤其在會議結束或用餐期間,讓顧客擠在電梯口或餐廳門前,都是造成顧客不滿意的因素之一。

　　解決之道,可設立專屬服務櫃檯供顧客詢問,並和較常配合之旅行社合作,甚至可提供旅遊型錄於顧客房間或服務櫃檯,供顧客自行索取,如此一來,不僅增進與旅行社之間的關係,也可促進彼此生意往來,增加旅館收益。另外,旅館服務人員應主動協助顧客散會動線,譬如另開一門電梯;此外,餐廳的入口處也要考量用餐人數多寡,來決定是否需要多開幾道門,以供顧客方便進出。

◆ 落在II象限與會人士較不滿意的項目

　　本研究分析,在「能夠提供迅速的服務」與「不會因為太忙而忽略顧客的需求」方面,即意謂與會人士對於服務人員不能在第一時間內提供服務,甚至在忙碌時忽略顧客的需求與吩咐的事。此乃由於目前國際觀光旅館人力精簡,而服務人員工作負荷量相當重,又加上大量使用工讀

生，造成員工只能做其基本的服務工作，而沒有多餘的時間去關心顧客的個別需求。另外，在「有足夠的專業知識回答顧客的問題」與「碰到問題有良好的應變能力」方面，乃由於目前國際觀光旅館仍多屬住宿跟餐飲客人為主，少有旅館針對會議中心這塊市場成立專屬部門，也因此接洽的人員對會議方面的知識較顯不足，另外由於服務人員的不足，又加上大量使用工讀生，自然在這方面容易造成與會人士不滿意。

解決之道，可另行成立「會議展覽部門」，並提供會議與展覽相關課程訓練，最好能結合產、官、學界的合作，將理論與實務共同發揚，進而提升旅館整體的競爭力。並且在人員訓練方面，除了可與相關科系的學校進行建教合作外，也可和會議展覽業建立合作方式，以落實其結合之綜效。這也是為何政府近年來積極推動會議產業的原因，目的就是希望多培養這方面的專業，以提升會議方面的服務品質，促使台灣會議產業能邁向國際化，也能為旅館業帶來更多更新的契機。

第四節　角色扮演

一、腳本

兩位學生參與這角色扮演，可以在教室外或者在教室內練習。一位同學扮演A學生，另一位扮演B學生。請讀下面的劇本並選擇你自己的腳本。

A學生：在課堂上老師說實務專題製作可以跟業界產學合作，聽起來好像很不錯喔！妳覺得如何呢？

B學生：我個人也覺得也很棒，老師說實務專題以產學合作方式，一方面可以跟產業界互動且有可能得到一些執行產學合作的經

費，又可以提高產業界產品品質與服務品質，理論跟實務配合，我想實務專題製作或許可以考慮這產學合作案喔？

A學生：我想我們先跟老師約時間討論我們的實務專題製作，希望能以產學合作計畫案的方式進行，然後請教老師的想法與意見？

B學生：同意妳的想法，我們應該先請教老師，如果我們想以產學合作計畫案的方式進行實務專題製作，要如何進行計畫案的撰寫？

A學生：聽老師說申請產學合作案，除了寫計畫案外，好像要填一些表格如合作企業參與計畫申請書（**表10-4**）、產學合作經費預算表（**表10-5**）、產學合作人事費預算表（**表10-6**）、產學合作計畫合約書（**表10-7**）等文件。

B學生：我已經至學校研發處網頁下載妳上述說的各種表格。

A學生：讚喔！超級有效率。

B學生：這是一定要的啦！

二、討論

1. 請問申請產學合作案的計畫書如何撰寫？
2. 請問申請產學合作案除了計畫書外，還需要準備哪些文件呢？

表10-4 合作企業參與計畫申請書（各合作企業應分別填寫）

公司名稱			統一編號	
負責人	姓名	身分證字號	計畫聯絡人姓名及職稱	
公司地址				
聯絡人電話			傳真	
E-mail				
公司基本資料	1.公司員工數： 人 2.研發人力： 人 3.公司資本額： 萬元 4.主要營業項目：旅館經營 5.股票上市狀況： □上市 □上櫃 □公開發行 □未公開發行			

□本公司曾參與政府相關研發計畫，計畫名稱如下：
□本公司未曾參與政府相關研發計畫

1.保證所提供、填報各項資料，皆與本公司現況、事實相符。
2.保證本計畫未曾向其他政府機關（構）申請補助。
3.本公司有意願與下列計畫主持人合作，全程參與本研究計畫。

本計畫主持人姓名		職稱		申請機關	
本計畫名稱	中文				
	英文				
合作企業配合經費	新台幣 元				
負責人簽章			公司印鑑		

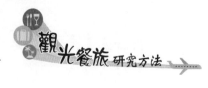

表10-5 產學合作經費預算表

申請單位：A科技大學				計畫名稱：國際會議服務品質管理之研究——以A大飯店個案探討	
計畫期程： 年 月 日至 年 月 日					
計畫經費總額：220,000元 向教育部申請：110,000元，廠商配合款：66,000元，學校配合款：44,000元					
教育部補助：110,000元，經常門：55,000元，資本門：55,000元 廠商配合款—人事費56,000元，經常門 10,000元，資本門：0元 學校配合款—人事費40,000元，經常門4,000元，資本門：0元					
計畫經費明細				教育部核定計畫經費 （申請單位請勿填寫）	
單價（元）	數量	總價（元）	說明	金額（元）	說明
7,000／月	8	56,000	97.6～98.1 廠商配合款		請見人事費注意事項
4,000／月	8	40,000	97.6～98.1 學校配合款		
		96,000			
2,000	20次	40,000	A大飯店執行產學合作		
10,000	1批	10,000	印表機碳粉及紙張		
5,000	1批	5,000	上課教材製作費		
		55,000			
		4,000	學校配合款		
10,000	1式	10,000	廠商配合款之15%		
55,000	1批	55,000	資訊設備		
		55,000			
		220,000			
承辦 單位	會計 單位	機關長官 或負責人			教育部 承辦人 單位主管

（續）表10-5　產學合作經費預算表

申請單位：A科技大學	計畫名稱：國際會議服務品質管理之研究──以A大飯店個案探討
計畫期程：　　年　　月　　日至　　年　　月　　日	
計畫經費總額：220,000元 向教育部申請：110,000元，廠商配合款：66,000元，學校配合款：44,000元	

| 1.依行政院91年5月29日院授主忠字第091003820號函頒對民間團體捐助之規定，為避免民間團體以同一事由或活動向多機關申請捐助，造成重複情形，各機關訂定捐助規範時，應明定以同一事由或活動向多機關提出申請捐助，應列明全部經費內容，及擬向各機關申請補助經費項目及金額。
2.補助案件除因特殊需要並經本部同意者外，以不補助人事費為原則；另內部場地使用費及行政管理費則一律不予補助。
3.各經費項目，除依相關規定無法區分者外，以人事費、業務費、雜支、設備及投資四項為編列原則。
4.雜支最高以【（業務費）*5%】編列。 | 補助方式：
■部分補助-補助比率_____%

餘款繳回方式：
■依核撥結報作業要點辦理繳回 |

表10-6　產學合作人事費預算表

本案職務	職別	姓名	每月支領金額	支領起迄月份	全案支領金額
計畫主持人					
協同主持人					
協同主持人					
協同主持人					
約聘專任人員					
研究生					
臨時工作人員					
總計					

表10-7　產學合作計畫合約書

立合約書人　__A科技大學__　（以下簡稱甲方）

_____（以下簡稱乙方）

為配合國家建設發展之需求，培養實用技術人才參加建設行列，及改進生產技術，以提高產業界產品品質與生產力，雙方同意產學合作，特訂定本合約。

一、產學合作以彼此互惠為原則，其合作事項如後：

(一)計畫名稱：

(二)合作期間：本合約有效期間為　　年　　月　　日起至　　年　　月　　日止，甲方工作進度如因事實需要延期，得經由雙方同意後延長之，延長期間所需之各項費用，乙方不另支付。

(三)若計畫內容將於甲方校內之開放公共空間設置任何研究設備，計畫主持人須經甲方校務發展委員會同意後，向甲方總務處申請辦理後始得設置。

(四)本計畫內容不得涉及於甲方校內設置手機基地台相關通訊設備，若查明有設置之實，甲方有權終止合約。

(五)乙方在不妨礙工作情況下允許甲方學生前往參觀或搜集資料，藉之增進其對電腦多媒體應用方面之瞭解。甲方學生須遵守乙方各項管理規則，如有違反者，乙方得通知甲方輔導其改善。

(六)甲方應乙方委託代為研究有關技術問題及對乙方經營之事業作全盤之研討，於合作期滿前須提出改進意見及研究成果。

(七)計畫經費：本案由乙方提供甲方計畫經費總計新台幣_____元整，於合約生效後分　　期付款，然乙方若未遵期給付者，經甲方以書面通知乙方給付仍未給付，甲方得以終止本合約，並將其已受領自乙方之計畫經費中未使用之部分，無息返還乙方，但如有代乙方墊付之費用仍得請求乙方償還。

(八)甲方應依計畫書之約定，進行本研究。並依計畫書之規定繳交成果報告，成果之內容及格式依甲乙雙方約定辦理。

二、計畫研究成果之歸屬與權益（非專屬授權權利）

(一)本計畫所產出之研究成果屬甲方所有，甲方得發表相關之學術論文，惟為使乙方實施使用本研究成果製造相關產品，甲方同意本合約生效日起____年內乙方享有非專屬授權權利。

(二)甲方若無意為智慧財產權之申請時，乙方經甲方書面同意後得提出申請，申請之費用由乙方支付。

（續）表10-7　產學合作計畫合約書

三、本合約及「國立勤益科技大學研發成果與技術移轉管理辦法」未盡事項，經雙方同意後得隨時修訂或補充之。

四、合約解釋及合意管轄

　　(一)本合約書應依中華民國之法律解釋及適用。

　　(二)本合約衍生之法律爭議糾紛，經甲方同意後，得於台中市提付仲裁，並依中華民國仲裁法解決；若因本合約而涉訟時，雙方特此同意以台灣台中地方法院為第一審管轄法院。

五、本合約書一式三份，乙方執壹份，甲方留兩份為憑。

訂約人

　甲方：A科技大學

　　　　代表人

　　　　　姓名：

　　　　　職稱：校長

　　　　　地址：41170台中市太平區坪林里中山路二段57號

　　　　　統一編號：57301337

計畫主持人

　　　　　姓名：

　　　　　服務單位及職稱：

　乙方：＿＿＿＿＿＿股份有限公司

　　　　代表人（兼連帶保證人）

　　　　　姓名：

　　　　　職稱：

　　　　　統一編號：

　　　　　地址：

中華民國　　　　　　年　　　　　　月　　　　　　日

貼心叮嚀

　　產學合作計畫專題製作，學生透過老師的引介，有機會跟產業界的業者或主管認識。學生在製作專題的過程，獲得指導老師的同意，最好要積極跟業界互動。這樣一方面能瞭解產業的現況、面臨的困境與未來發展的趨勢；另一方面跟業界保持良好的互動，若學生表現優異，這樣可以增加畢業後的就業機會。筆者曾有學生在大四的實務專題製作時因參與產學合作計畫案，表現優異，受到業界肯定與讚賞，畢業後就被延攬至國際觀光旅館當主管的特別助理。產學合作案的歷練，猶如師父領進門，修行就要看個人了。因此，同學若有機會執行產學合作計畫案，一定要把握機會，好好學習喔！

參考文獻

一、中文部分

中華民國連鎖店協會（2000）。《2000台灣加盟總部指南》。台北：中華民國連鎖店協會。

王文科（2000）。〈質的研究問題與趨勢〉。載於國立中正大學教育研究所主編，《質的研究方法》。高雄：麗文。

王淑芬（2007）。《研究法》。台北：保成出版社。

王愛惠（2003）。〈休閒農場生態活動與遊憩體驗關係之研究〉。銘傳大學觀光學系研究所碩士論文（未出版）。

田紹辰（2018）。〈微型創業之質性研究——以桃竹苗地區咖啡館為例〉。中華科技大學航空服務管理系航空運輸研究所碩士學位論文。

宋秉明（1983）。〈遊憩容納量理論的研究〉。國立台灣大學森林研究所碩士論文（未出版）。

林佩璇（2000）。〈個案研究及其在教育研究上的應用〉。載於中正大學主編，《質的教育研究方法》，頁239-262。

林明地、楊振昇、江芳盛譯（2000）。Owens著。《教育組織行為》。台北：揚智文化。

林晏州、陳惠美、顏家芝（1998）。〈高雄都會公園遊客滿意度及相關因素之研究〉。《戶外遊憩研究》，11（4），59-71。

林淑卿（2007）。〈太魯閣國家公園遊客體驗價值之研究〉。國立東華大學企業管理學系博士論文（未出版）。

林錫波、陳堅錐、王榮錫（2007）。〈台灣區休閒農場發展現況與發展策略之探討〉。《台體學報》，15，152-163。

林豐瑞（2002）。〈談如何研擬休閒農業行銷策略〉。《農業經營管理年刊會訊》，24，12-17。

邱湧忠（2000）。《休閒農業經營學》。台北：茂昌圖書。

邱皓政（2011）。《量化研究與統計分析》。台北：五南出版社。

侯錦雄（1991）。〈遊憩區遊憩動機與遊憩認知間關係之研究〉。國立台灣大學
　　園藝研究所博士論文（未出版）。

國立嘉義大學體育與健康休閒學系（2012）。《嘉大體育健康休閒期刊》，
　　11(3)，66-77。ISSN1815-7319。

張文宜（2005）。〈休閒農場體驗與行銷策略規劃之研究〉。國立屏東科技大學
　　熱帶農業暨國際合作研究所碩士論文。

張渝欣（1998）。〈休閒農場內休閒農業設施規劃之研究〉。國立台灣大學農業
　　工程學研究所碩士論文（未出版）。

畢恆達（2005）。《教授為什麼沒告訴我──論文寫作的枕邊書》。台北：學富
　　文化。

郭春敏（1996）。〈國際觀光旅館顧客對員工服務態度滿意度與重視度之研
　　究〉。中國文化大學國際企業研究所博士論文。

陳向明（2007）。《社會科學質的研究》。台北：五南出版社。

陳昭郎、陳永杰（2013）。〈休閒農業與養生旅療〉。台灣休閒農業協會，37，
　　1-6。

黃錦敦（2006）。〈受虐兒童之社區諮商模式初探〉。《諮商輔導》，241，16-
　　20。

楊文燦、鄭琦玉（1995）。〈遊憩衝擊認知及其滿意度關係之研究〉。《戶外遊
　　憩研究》，8，109-132。

楊日融（2002）。〈咖啡店經營關鍵成功因素之研究〉。國立中正大學企業管理
　　研究所碩士班論文。

楊海銓（2012）。《賺錢咖啡館》。台北：邦聯文化。

楊婉歆（2003）。〈都會咖啡館情境空間的體驗──女性的經驗剖析〉。台中逢
　　甲大學建築及都市計畫所碩士班碩士論文。

楊慕華（2003）。〈個性咖啡店顧客之商店印象、綜合態度與忠誠度關係研
　　究〉。中原大學室內設計研究所碩士班碩士論文。

蔡柏勳（1986）。〈遊憩需求與滿意度分析之研究──以獅頭山風景區為例〉。
　　台灣大學園藝學研究所碩士論文（未出版）。

蔡淑貞（2003）。〈新堀江商店街消費行為與管理策略之探討〉。中山大學公共
　　事務管理研究所碩士論文（未出版）。

鄭心儀（2005）。〈以鄉村旅遊活化地區發展之策略研究〉。國立中山大學公共

事務管理研究所碩士論文。

鄭美玲（2001）。〈女性創業家經驗與生命歷程之研究〉。國立中正大學企業管理碩士論文。

鄭健雄、陳昭郎（1996）。〈休閒農場經營策略思考方向之研究〉。《農業經營管理年刊》，2，123-144。

謝宜潔（2004）。〈台灣休閒農場設立法規與現況調查研究——以新竹縣休閒農場為例〉。國立台灣師範大學政治學研究所碩士論文。

顏財發、劉修祥（2009）。〈閒農場遊客所知覺的關係投資與關係品質的關聯〉。《運動休閒餐旅研究》，4(1)，6-109。

二、外文部分

Baker, D. A., & Crompton, J. L. (2000). Quality, satisfaction and behavioral intentions. *Annals of Tourism Research, 27*(3), 785-804.

Bernard, H. R. (1988). *Research Methods in Cultural Anthropology*. Sage Publications, Newbury Park, California, 204-205.

Bigne, J. E., Sanchez, M. I., & Sanchez J. (2001). Tourism image, evaluation variables and after purchase behavior: Inter-relationship. *Tourism Management, 22*, 607-616.

Cardozo, R. N. (1965). An experimental study of customer effort, expectation and satisfaction. *Journal of Marketing Research, 2*, 244-249.

Clawson, M., & Knetsch J. L. (1969). Alternatives method of estimating future use. *Economics of Outdoor Recreation, 21*(7), 36.

Crompton, J. L., & Mackay, K. J. (1988). Users' perception of service quality in travel agencies: An investigation of customer perceptions. *Journal of Travel Research, 30*(4), 10-16.

Davis, Murray S. (1971). That's Interesting: Towards a Phenomenology of Sociology and a Sociology of Phenomenology. *Philosophy of the Social Sciences, 1*(4), 309.

Driver, B. L., & Tocher, R. C. (1970). Toward a behavioral interpretation of recreation of recreational engagement, with implication for planning. In B. L. Driver (ed.). *Element of Outdoor Recreation Planning* (pp. 9-31). Michigan: The University of Michigan Press.

Hull, R. B., Steward, W. P., & Yi, Y. K. (1992). Experience patterns: Capturing the

dynamic nature of a recreation experience. *Journal of Leisure Research, 24*(3), 240-252.

Ittelson, W. H. (1978). Environmental perception and urban experience. *Environment and Behavior, 10*(2), 193-213.

Kelly, J. R. (1987). *Freedom to Be: A New Sociology of Leisure*. New York: MacMillan Publishing Company.

Lee, Y., Dattilo, J., & Howard, D. (1994). The complex and dynamic nature of leisure experience. *Journal of Leisure Research, 26*(3), 195-211.

Manning, R. E. (1986). Density and crowding in wilderness: Search and research for satisfaction. *USDA Forest Service General Technical Report INT-212*, 440-448.

Martilla, J. A. & James, J. C. (1977). Importance-Performance Analysis. *Journal of Marketing, 41*(1), 77-79.

Maxwell, J. A. (2005). *Qualitative Research Design: An Interactive Approach* (2nd. ed.). Thousand Oaks, CA: Sage.

Merriam, S. B. (1998). *Qualitative Research and Case Study Applications in Education*. San Francisco: Jossey-Bass.

Merriam, S. B. (1998). *Qualitative Research and Case Study Applications in Education*. San Francisco: Jossey-Bass.

Phillips, E. M., & Pugh, D. S. (2000). *How to Get a PhD: A Handbook for Students and Their Supervisors* (3rd ed.). Philadelphia: Open University Press.

Pine, B. J., & Gilmore, J. H. (1998). *The Experience Economy*. Boston, MA: Harvard Business School Press.

Pine, B. J., & Gilmore, J. H. (1999). *The Experience Economy: Work is Theatre and Every Business a Stage*. Boston, MA: HBS.

Richards, Lyn (2005). *Handling Qualitative Data: A Practical Guide*. Thousand Oaks, London and New Delhi: Sage Publications.

Valentine, G. (2001). At the drawing board: Developing a research design. In M. Limb Dwyer (ed.), *Qualitative Methodologies for Geographers: Issues and Debated* (pp. 41-54). London: Arnold.

三、網路資料

Di-Masi, P. (2002). Defining Entrepreneurship. Available at: http:www.gdrc.org/icm/micro/define-micro.html.

Tourism Bureau, M.O.T.C. Republic of China. (2014). Retrieved May 16, 2016, from http://admin.taiwan.net.tw/statistics/market.aspx?no=133.

Travel and Tourism in the US Statistics & Facts (2015). www.statista.com. Industries›Travel, Tourism & Hospitality

World Travel & Tourism Council, WTTC (2016). http://www.wttc.org/research/economic-research/economic-impact-analysis/

中學生導航網（2016），中學生網站，小論文專區，http://www.shs.edu.tw/essay/

台灣會展產業調查與會展產業規模評估2017（2018），https://www.meettaiwan.com/mtfiles/mt//doc/201803/1522206323709-0.pdf

全國技專校院學生實務專題製作競賽暨成果展計畫書（2018），https://www.iaci.nkfust.edu.tw/upload/RelFile/News/2515/b362dc08-6eaa-44c5-aae5-90f14f5c0329.pdf

田秀蘭（2018），質性研究的撰寫範例，web.ntnu.edu.tw/~lantien/old/advanced qualitative research/sample.doc

交通部觀光局（2014），中華民國103年來台旅客消費及動向調查，http://admin.taiwan.net.tw/statistics/market.aspx?no=133 (2016, May 12)

交通部觀光局網站（2018），http://taiwan.net.tw

行政院青年輔導委員會，青年創業資訊網，2017/9/25，http://womenbusiness.nyc.gov.tw/knowledge_share_detail.php?sn=76 &page1=1&know_code=1

快樂工作人雜誌（2016），年輕人，別再夢想開咖啡店了！咖啡店長不告訴你的3個真相，http://www.cheers.com.tw/article/article.action?id=5074225

咖啡與健康（2018），http://library.taiwanschoolnet.org/cyberfair2003/C0323500189/health.htm

高雄科技大學餐旅學院（2016），http://shm.nkuht.edu.tw/main.php

國立勤益科技大學休閒產業管理系（2016），http://www.rsm.ncut.edu.tw/paging/content/id/12

教育部統計處（2015），https://stats.moe.gov.tw/qframe.aspx?qno=MQAxADMA0

(2016, March 12)

博智研究（2018），量化、質化研，https://www.embarich.com/research.html#01

景點家編輯部整理報導，最新IG爆紅咖啡館 立體拉花超療癒，https://tw.news.yahoo.com/%E6%9C%80%E6%96%B0ig%E7%88%86%E7%B4%85%E5%92%96%E5%95%A1%E9%A4%A8-%E7%AB%8B%E9%AB%94%E6%8B%89%E8%8A%B1%E8%B6%85%E7%99%82%E7%99%92-070000500.html

景文科技大學觀光餐旅學院（2016），http://htc.just.edu.tw/files/11-1033-880.php

經濟部中小企業處（2017），微型及個人事業支援及輔導計畫，2017/12/13，http://micro.sme.gov.tw/cht/index.php?code=list&ids=2

聯合報，陳智華，2016-04-06，http://money.udn.com/money /story/5648/1610175-%E7%B5%B1%E6%B8%AC%E5%A0%B1%E5%90%8D-%E9%A4%90%E6%97%85%E9%A6%96%E5%BA%A6%E8%B6%85%E8%B6%8A%E5%95%86%E7%AE%A1

咖啡拉花：打奶泡的關鍵要素（2014），https://kknews.cc/zh-tw/food/y6pz2jk.html

維基百科（2018），https://zh.wikipedia.org/zh/%E7%94%A2%E5%AD%B8%E5%90%88%E4%BD%9C

維基百科（2016），定性研究，https://zh.wikipedia.org/zh-tw/%E5%AE%9A%E6%80%A7%E7%A0%94%E7%A9%B6

https://clgcity.

餐飲旅館系列

觀光餐旅研究方法

作　　者 / 郭春敏
出 版 者 / 揚智文化事業股份有限公司
發 行 人 / 葉忠賢
總 編 輯 / 閻富萍
地　　址 / 22204 新北市深坑區北深路三段 260 號 8 樓
電　　話 / 02-8662-6826
傳　　真 / 02-2664-7633
網　　址 / http://www.ycrc.com.tw
　E-mail / service@ycrc.com.tw
　I S B N / 978-986-298-317-1
初版一刷 / 2019 年 1 月
定　　價 / 新台幣 350 元

國家圖書館出版品預行編目（CIP）資料

觀光餐旅研究方法：理論與實務 / 郭春敏
著. -- 初版. -- 新北市 ：揚智文化，
2019.01
　　面；　公分. --(餐飲旅館系列)

ISBN 978-986-298-317-1（平裝）

1.餐旅業 2.餐旅管理 3.研究方法

489.2   108000296